→ Zwei oder vier Flügel

FLIEGEN UND MÜCKEN besitzen zwei Flügel. Die Skorpionsfliege (S. 132) ist trotz ihrer vier Flügel näher mit Fliegen und Mücken verwandt als mit vielen anderen „Vierflüglern". Ganz schön tricky.

Nicht nur wegen ihrer vier Flügel unter den Zweiflüglern eine besondere Erscheinung.

→ Mit und ohne Flügel

Ameisen gehören wie Bienen und Wespen zu den **HAUTFLÜGLERN** (ab S. 48). Dabei sehen wir sie die meiste Zeit ohne Flügel. Zur Paarungszeit treten jedoch geflügelte Exemplare auf – und das manchmal in großen Mengen.

So kennen wir Ameisen: kleine Krabbeltiere ohne Flügel (links). Zur Paarungszeit erscheinen dann die geflügelten Exemplare (rechts).

→ Vierflügler

Für dieses Buch habe ich die Gruppe der Vierflügler verwendet, die es systematisch so gar nicht gibt. Darin findest du neben den **LIBELLEN** (ab S. 48) auch die **EINTAGSFLIEGEN** (S. 53) oder die **NETZFLÜGLER** (z.B. die Florfliegen S. 56/57) und ähnliche Arten mit vier Flügeln.

Libellen (links) haben vier Flügel und sind eine eher urtümliche Insektengruppe. Florfliegen besitzen ebenfalls vier Flügel, stehen verwandtschaftlich aber den Käfern näher als den Libellen.

Mehr entdecken, mehr verstehen

DAS KOSMOS VERSPRECHEN

Expertenwissen seit 1822

Welches Thema dich auch begeistert – auf unsere Expertise kannst du dich verlassen. Und das schon seit über 200 Jahren.

Unser Anspruch ist es, dich mit wertvollem Rat zu begleiten, dich zu inspirieren und deinen Horizont zu erweitern.

BEGEISTERUNG DURCH KOMPETENZ

Unsere Autorinnen und Autoren vereinen professionelles Know-how mit großer Leidenschaft für ihre Themen.

WISSEN, DAS DICH WEITERBRINGT

Leicht verständlich, lebensnah und informativ für dich auf den Punkt gebracht.

SACHVERSTAND, DEN MAN SEHEN KANN

Mit aussagestarken Fotos, Zeichnungen und Grafiken werden Inhalte besonders anschaulich aufbereitet.

QUALITÄT FÜR HEUTE UND MORGEN

Dafür sorgen langlebige Verarbeitung und ressourcenschonende Produktion.

Du hast noch Fragen oder Anregungen?
Dann schreibe uns: kosmos.de/servicecenter

NATURE ~ GUIDE

INSEKTEN

Thomas Hörren
@totholz.thomas

KOSMOS

Unterwegs mit deinem NatureGuide

NatureGuide – Wissen

NatureGuide – Inspiration

INHALT

Die Insekten – einfach finden mit dem Farbcode

DER KOSMOS-FARBCODE

Diese grobe Einteilung nach Gruppen gibt dir eine erste Orientierung, wo im Buch du die verschiedenen Insekten findest.

Faszination Sechsbeiner

ALS INSEKTENFORSCHER möchte ich dir mit diesem „NatureGuide Insekten“ einen ganz persönlichen Einblick in die heimische Insektenwelt geben. Mir selbst haben bei vielen Naturbüchern oftmals konkrete Tipps gefehlt, mit denen ich selbst fündig werden und in meiner Wohngegend besondere Insekten entdecken kann. Es ist klar, dass ein einziges Buch nicht alle Insekten umfassen kann. Aber ich möchte dir nicht nur einige Arten vorstellen, die man aufgrund ihrer Häufigkeit und den auffälligen Merkmalen gut bestimmen kann, sondern auch ein paar Raritäten, die du mit einer Nachsuche problemlos selbst entdecken kannst.

SCHAU HIN

Kaum etwas ist bei uns so vielfältig und gleichzeitig so einfach zu beobachten wie die Insektenwelt.

Insektenwelt im Wandel

Die lokalen Artgesellschaften unterliegen unter den gegebenen Herausforderungen unserer Zeit einem stetigen Wandel. Du wirst also auch Arten kennenlernen, die von der klimatischen Veränderung profitieren, oder solche, die erst durch den Menschen zu uns gebracht wurden und sich etablieren konnten. Dabei ist mir wichtig, dir einen ganz aktuellen Blick zu geben. Viele der Fotos habe ich exklusiv für dieses Buch angefertigt und im Laufe des Jahres, in dem ich daran gearbeitet habe, viele Arten fotografiert, die ich unbedingt zeigen möchte. Mit dem Fotografieren habe ich erst im Jahr 2021 begonnen – heute ist es für mich ein wichtiges Werkzeug geworden, um meine Artenkenntnis und besondere Funde mit anderen Menschen zu teilen. Darüber hinaus habe ich auch ein paar Fotos von anderen Wissenschaftler:innen erhalten, die selbst in der Forschung aktiv sind oder an Umweltbehörden arbeiten, um dir viele verschiedene Arten zeigen zu können.

SIE SIND ÜBERALL Allein aus Deutschland sind etwa 34.000 verschiedene Insektenarten bekannt. Kein Mensch könnte sie in seinem Leben jemals alle entdecken und erkennen. Einige von ihnen leben aber dort, wo auch wir leben – an Orten mit menschlichen Siedlungen, verdichteten Böden und fast luftdicht abgeschotteten Häusern. Andere benötigen zwingend die letzten ihrer ganz speziellen, oft stark bedrohten Lebensräume, die nur noch als Refugien in unserer Kulturlandschaft überdauern konnten. In Deutschland können wir von den höchsten Gipfeln der Alpen über die Mittelgebirge und das Tiefland bis hin zum Brandungsbereich des Meeres Insekten entdecken. Nur das Meer selbst wird bei uns nicht von Insekten bewohnt.

Mein Traumberuf

Als Jugendlicher konnte ich nur davon träumen, Insekten zu meinem Beruf zu machen. Und niemand konnte mir wirklich zeigen, wie das funktionieren könnte. Auf der Suche nach der passenden Ausbildung und später den passenden Studiengängen wurde mir klar, dass ich das Ganze selbst in die Hand nehmen muss. Also habe ich stets geschaut, dass ich in irgendeiner Weise meine Energie in die Erforschung von Insekten stecken kann. Und vor allem so, dass ich dabei den Menschen die Wichtigkeit einer vielfältigen Insektenwelt vermittle. Heute bin ich Insektenforscher und Autor – mein Traumberuf. Das bedeutet, dass ich mich jeden Tag mit biologischer Vielfalt beschäftige.

WAS MICH PRÄGTE Die Begeisterung für Insekten bestimmt schon immer einen sehr großen Teil meines Lebens. Als Kind war ich von Tierbeobachtungen fasziniert wie von kaum etwas anderem. Während andere in meiner Schulklasse mal die Schule schwänzten, weil sie ihre Hausaufgaben nicht gemacht hatten, schwänzte ich die Schule – das ein oder andere Mal –, weil es mich mit dem Fahrrad hinaus in den Wald zur Insektensuche zog. Und weil ich deswegen meine Hausaufgaben auch nicht gemacht hatte ...

Es gab in meiner Jugend auch schwierige Phasen, in denen der Grat schmal war und ich mich an meiner Passion hätte festträumen können, ohne einen beruflichen Weg in diese Richtung einzuschlagen. Mit zunehmender Artenkenntnis wuchs jedoch auch die Nachfrage und die Möglichkeit, mein Wissen in Projekten unterzubringen. Und so wirkte ich recht früh an zahlreichen Untersuchungen mit, bei denen ich Käfer bestimmte. Trotzdem interessierten die meisten Dinge, die ich tat, eher die wenigsten Personen in insektenkundlichen Fachkreisen.

EINE STUDIE GEHT VIRAL Erst nachdem im Jahr 2017 eine unserer Studien viral durch die Medien ging, stehen viele Inhalte meiner Arbeit in einer breiteren Öffentlichkeit. Wir konnten damals in einem internationalen Forschungsteam mit Wissenschaftlern aus Deutschland, England und den Niederlanden aufzeigen, dass die Insektenbiomasse in deutschen Naturschutzgebieten innerhalb von 27 Jahren um 75 % abgenommen hatte. Da wir die Untersuchungen im Rahmen von Projekten des Entomologischen Vereins Krefeld durchführten, dessen Vorsitzender ich bin, wurde die Studie häufig als „Krefelder Studie“ bezeichnet.
Die Ergebnisse lösten weltweit Debatten um das Arten- und Insektensterben aus und die Themen wurden dadurch endlich viel mehr diskutiert. Seitdem hat sich der Trend bei den Insekten leider nicht verbessert – ihre Zahl nimmt weiterhin ab. Umso wichtiger, dass es zunehmend mehr Menschen gibt, die sich für biologische Vielfalt interessieren.

ARTENGEDÄCHTNIS

Insektensammlungen

Das Anlegen einer Sammlung

Präpariert werden Insekten auf Nadeln oder auf Pappkartonagen mit ihren Sammlungsdaten (wo, wann und von wem gefunden) darunter. So kann man sie in trockener Umgebung lagern und von mehreren Seiten betrachten, ohne das fragile Insekt zu beschädigen. Durch ihr meist hartes Außenskelett sind tote Insekten, sobald sie getrocknet sind, im Prinzip ewig haltbar. Dafür müssen sie jedoch trocken in luftdichten Kästen aufbewahrt und vor Feuchtigkeit, Schimmel, UV-Licht, Erschütterung und Insektenarten, die sich auf trockene tierische Stoffe spezialisiert haben, geschützt werden. In vielen Museen finden sich so heute jahrhundertealte Sammlungen. Und oft sind historische Präparate heute die einzigen dauerhaft prüfbaren Belege dafür, dass die Art jemals bei uns vorkam – wie z. B. beim Orangeroten Heufalter.

Der Orangerote Heufalter oder Regensburger Gelbling *(Colias myrmedone)* ist seit dem Jahr 2001 in Deutschland durch Lebensraumzerstörung und falsche Pflege der Schutzgebiete ausgestorben.

Ich mit einem Sammlungskasten von Bläulingen aus den vergangenen 80 Jahren.

Genaues Bestimmen

Der Großteil der heimischen Insekten kann nur mithilfe einer Stereolupe bestimmt werden – die Merkmale sind nur bei Vergrößerung zu erkennen oder sie müssen sogar herauspräpariert werden. Für eine tiefgehende Auseinandersetzung mit Insektengruppen fernab der großen und gut erkennbaren Arten, wie z. B. Libellen, Tagfalter oder Heuschrecken, ist eine Insektensammlung auch heute noch alternativlos. Ihr Vorteil ist, dass Präparate immer wieder geprüft und an Menschen mit Expertise weitergegeben werden können. Ich kann nur ausdrücklich empfehlen, sich eine Insektensammlung anzulegen, wenn man sich ausführlicher mit einer Gruppe beschäftigen möchte. Es gibt aktuell keine Methode, sich ähnlich intensiv und auch in der Zukunft prüfbar mit Arten auseinanderzusetzen.

KEINE INSEKTEN TÖTEN Wer keine Tiere für die Bestimmung töten möchte, kann sich pflegend um alte Sammlungen, z. B. aus Nachlässen oder von Trödelmärkten, kümmern. Oder aber man sammelt Insekten dort, wo sie für andere unserer Belange sterben, etwa auf dem Feldweg neben dem frisch mit Pflanzenschutzmitteln behandelten Acker, der Wasseroberfläche eines Swimmingpools, in Lampenschirmen, am Straßenrand oder auf der Fensterbank zuhause. Aber auch Spuren von Insekten können gut gesammelt werden: alte Pflanzengallen, Bohrgänge im Holz, verlassene Nester oder die abgestreiften Häutungsreste (Exuvien). Wer gänzlich auf eine Sammlung verzichten möchte, belegt seine Funde am besten fotografisch. Vor allem große Insekten können so ebenfalls gut dokumentiert werden. Bei wissenschaftlichem Fortschritt sind – im Gegensatz zu Präparaten – Fotos aber oft nur eingeschränkt nutzbar.

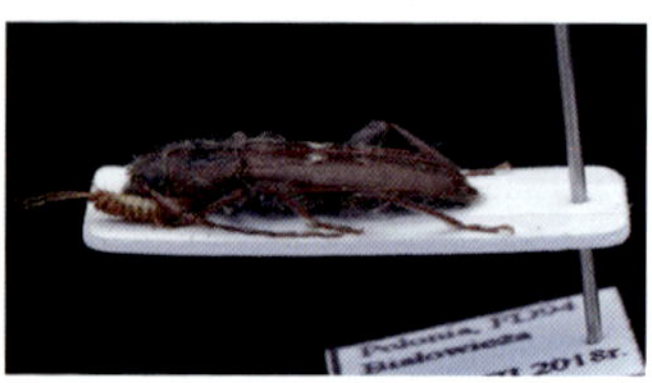

Insektensammlungen müssen gepflegt werden. Sonst fressen Schädlinge die wertvollen Präparate – wie hier: Die Larve eines Berlinkäfers *(Trogoderma angustum)* frisst das Präparat eines Hausbocks *(Hylotrupes bajulus)*.

UNERSETZLICH

Insektensammlungen bieten einen nicht ersetzbaren Einblick in die biologische Vielfalt der Vergangenheit. Sie helfen uns so auch, Veränderungen im Laufe der Zeit wahrzunehmen.

Was sind eigentlich Insekten?

Der Begriff Insekt stammt von dem lateinischen Wort „insectum", was „eingeschnitten" bedeutet und sich auf den gegliederten Körper der Tiere bezieht. Wir nutzen den Begriff für einen Stamm wirbelloser Tiere, die über ein Exoskelett (Außenskelett) verfügen, das aus harten Strukturproteinen, u. a. dem Chitin, besteht.

Kopf, Brust, Hinterleib

Jedes Insekt hat einen Kopf (Caput), einen Brustbereich (Thorax) und einen Hinterleib (Abdomen). Insekten gehören mit einigen anderen Tierklassen, wie etwa den verwandten Springschwänzen (Collembola), zu den Sechsfüßern. Der Großteil der Insekten ist flugfähig, es gibt aber auch Arten, die trotz vorhandener Flügel nicht fliegen können. Oder auch Arten, die nur kleine Stummelflügel besitzen, und solche, denen Flügel komplett fehlen. Oft unterscheiden sich die Geschlechter der Insekten deutlich voneinander (Geschlechtsdimorphismus).
Bei uns leben Insekten mit Körpergrößen zwischen 0,45 mm bis etwa 9 cm. Die meisten von ihnen sind jedoch kleiner als 5 mm. Besonders artenreich sind Hautflügler mit etwa 9.600 Arten in Deutschland, Fliegen und Mücken mit etwa 9.450 Arten, Käfer mit etwa 6.500 Arten und Schmetterlinge mit rund 3.700 Arten.

Gestaltwandler

VOLLSTÄNDIGE VERWANDLUNG Es existieren zwei Entwicklungsweisen bei Insekten. Zum einen gibt es die vollständige Entwicklung (Holometabolie), bei der aus dem Ei eine Larve schlüpft, die mehrere Stadien durchläuft und sich letztlich verpuppt. Nach dem Gestaltenwandel (Metamorphose) geht die Imago aus der Puppe hervor. Bei der holometabolen Entwicklung

Vollständige Verwandlung

Das Tagpfauenauge legt seine Eier an Brennnesseln …

… aus denen Raupen schlüpfen, die sich mehrfach häuten …

… und dann verpuppen. Nach ca. zwei Wochen …

… schlüpft aus der Puppe der fertige Schmetterling.

ernähren sich die Larven meist ganz anders als die erwachsenen Tiere. Die Raupe eines Schmetterlings frisst z. B. grüne Pflanzenteile und der Falter trinkt später Nektar aus Blüten. Die Trennung der Ernährungsweise ist eine Theorie für die Artenvielfalt bei den holometabolen Insekten, die extrem hoch ist. So machen allein die Ordnungen der Hautflügler (Hymenoptera), Käfer (Coleoptera), Schmetterlinge (Lepidoptera) und Zweiflügler (Diptera) 87 % der globalen Insektenvielfalt aus.

UNVOLLSTÄNDIGE VERWANDLUNG Zum anderen gibt es die unvollständige Entwicklung (Hemimetabolie), bei der aus dem Ei eine Larve schlüpft, hier oft als Nymphe bezeichnet, die sich schrittweise entwickelt. Mit jeder Häutung nähert sie sich dem adulten Stadium an, das durch eine finale Häutung erreicht wird. Bei hemimetabolen Insekten ernähren sich die Larven häufig von der gleichen Nahrung wie die erwachsenen Tiere. Die Nymphe einer Wanze saugt genauso Pflanzensäfte wie die adulte Wanze.

Insekten wachsen nicht

Alle adulten Insekten haben jedoch eines gemeinsam: Sie wachsen nicht mehr. Findet man etwa einen Käfer oder einen Schmetterling, hat der Chitinpanzer seine Endgröße erreicht. Denn Wachstum findet bei Insekten nur in den früheren Entwicklungsstadien statt. Vergleicht man einen Hirschkäfer mit einer Körpergröße von 5 cm und ein anderes Exemplar mit 8 cm, dann liegt der Größenunterschied daran, dass die Larven ein unterschiedliches Nahrungsangebot zur Verfügung hatten.

Zu Lande, zu Wasser und in der Luft

Bei uns finden wir Insekten im Wasser und an Land, wobei sich etwa 9 % der Arten als Larve im Wasser entwickeln, aber nur 2 % der Imagines überwiegend oder dauerhaft darin leben. Weltweit beherbergt fast jeder Punkt, der nicht permanent mit Eis und Schnee bedeckt ist, Insekten. Mit einer Ausnahme: Im Meer leben keine Insekten. Nur Meerwasserläufer leben erfolgreich auf der Meeresoberfläche.

UNVERÄNDERT

Eines ist mir bei all dem, was ich tue, bis heute erhalten geblieben: mein kindliches Staunen über die Vielfalt, die uns umgibt.

Beim Entdecken und Beobachten kann man wirklich abschalten und sich an dem erfreuen, was man findet. Solche Momente machen Naturbeobachtungen für mich zu einem perfekten Ausgleich zum Alltag.

Lass uns gemeinsam spannende Arten kennenlernen, die du selbst entdecken kannst!

Deutscher Felsenspringer

Machilis germanica, Felsenspringer

GRÖSSE: 8 – 12 mm
BEOBACHTUNGSZEIT: Januar – Dezember
ERNÄHRUNGSWEISE: Algen und feine organische Stoffe
LEBENSRAUM: Felsen, alte Gemäuer und Ruinen

Bei Felsenspringern ist – ähnlich wie bei Schmetterlingen – der gesamte Körper dicht mit Schuppen bedeckt. Berührt man die Tiere, lösen sich diese ab. Daher lieber nicht in die Hand nehmen.

URTÜMLICH Felsenspringer zählen zu unseren urtümlichsten Insekten überhaupt. Sie lassen sich sowohl auf natürlichen Felsen beobachten als auch in menschlich geschaffenen Lebensräumen, die diesen ähneln: alte, auseinanderbröckelnde Gemäuer oder Ruinen wie etwa die von alten Burgen. Bei Störung springen sie, indem sie sich mit den Beinen und ihren Hinterleibsanhängen vom Boden abstoßen. Spannend: Der Deutsche Felsenspringer kann mitten im Winter, sogar bei Minusgraden, beobachtet werden.

Kammfischchen

Ctenolepisma lineata, Fischchen

GRÖSSE: 8 – 19 mm
BEOBACHTUNGSZEIT: Januar – Dezember
ERNÄHRUNGSWEISE: Verschiedenste organische Materialien und winzige, wirbellose Tiere
LEBENSRAUM: Bei uns nur in und an menschlichen Behausungen (synanthrop)

MITBEWOHNER Während viele von uns sicherlich das Silberfischchen kennen, gibt es noch weitere kosmopolitisch verbreitete Fischchenarten. Das Kammfischchen – etwas seltener als das Silberfischchen – stammt ursprünglich aus dem Mittelmeerraum, wurde jedoch in die ganze Welt verschleppt und lebt an und in menschlichen Behausungen. Es ist nachtaktiv und feuchtigkeitsliebend, weshalb es häufig in Heizungskellern oder Bädern zu finden ist. Als Nahrung nimmt es verschiedenste organische Stoffe auf, etwa Stärke, oder auch kleine Insekten. Das Kammfischchen ist an den drei etwa gleich langen Hinterleibsanhängen und den unterschiedlich gefärbten Schuppen erkennbar.

Meldeplattformen

Welche Arten hast du entdeckt? Teile deine Funde auf Meldeplattformen.

BEOBACHTUNGEN TEILEN

Auf Meldeplattformen können eigene Beobachtungen von Arten hochgeladen werden. So konnten in der Vergangenheit sogar immer wieder tolle Erstfunde von neu zugewanderten Insektenarten bei uns dort dokumentiert werden.
Es gibt verschiedene Portale, um eigene Funde hochzuladen. Ich persönlich empfehle observation.org – dort können die Funde validiert werden und Menschen mit Expertise sichern die Funde ab oder korrigieren die Bestimmung. Es gibt aber noch weitere Plattformen wie zum Beispiel iNaturalist.org oder naturgucker.de. Welche dir am besten gefällt, musst du am besten selbst ausprobieren.

EIGENE BEOBACHTUNGEN GUT DOKUMENTIEREN

Wichtig ist, dass man seine Entdeckung auch belegt – etwa durch ein Foto oder eine Audioaufnahme. Über die meisten Arten wissen wir nahezu kaum etwas, was ihre Verbreitung angeht. Daher kann jeder mit seinen Beobachtungen dazu beitragen, die Kenntnis zur Verbreitung von Arten zu verbessern oder eine Art sogar zum ersten Mal überhaupt zu entdecken.

Diese Wanze, *Mecidea lindbergi*, wurde im November 2024 zum ersten Mal in Deutschland entdeckt.

WICHTIGE FUNDDATEN

Folgende Punkte solltest du bei deinen dokumentierten Funden auf jeden Fall erfassen, um eine Bestimmung gewährleisten zu können:

1. Wenn möglich den Artnamen, ansonsten kann die Bestimmung häufig später noch korrigiert oder nachgeholt werden.
2. Fundort: Wo hast du das Insekt genau entdeckt? (Ort und Koordinaten)
3. Funddatum: Wann hast du das Insekt beobachtet? (Datum und ggf. Tageszeit)
4. Beobachtende Person: Wer hat das Insekt beobachtet? (Name der Person)
5. Besondere Umstände: Gibt es etwas Bemerkenswertes anzumerken? (Zum Beispiel auf einem anderen Tier beobachtet, aus einem Schlupfloch an einer bestimmten Baumart gekrochen etc.)

Gewächshausfischchen

Nicoletia phytophila, Nicoletiidae

GRÖSSE: 4 – 5 mm
BEOBACHTUNGSZEIT: Januar – Dezember
ERNÄHRUNGSWEISE: Vermutlich von pflanzlichen Stoffen und Pilzfäden
LEBENSRAUM: In warmen Gewächshäusern

Dieses Exemplar konnte ich in NRW im Tropenhaus eines botanischen Gartens entdecken. Es ist vermutlich der zweite Nachweis in Deutschland.

NOCH RECHT SELTEN Eine weitere, entfernt mit dem Silberfischchen verwandte Art, die den meisten unbekannt ist. Das Gewächshausfischchen kann ausschließlich in dauerwarmen Gewächshäusern leben. Die ursprüngliche Heimat dieses Fischchens ist bis heute noch nicht geklärt. Erste Exemplare wurden im Jahr 1844 aus einem Gewächshaus in Paris beschrieben. Die Tiere leben in der Bodenstreu. Wer bei uns sucht, wird vermutlich auch fündig werden. Verwechseln kann man die Tiere nur mit Doppelschwänzen (Diplura).

Gemeiner Ohrwurm

Forficula auricularia, Eigentliche Ohrwürmer

GRÖSSE: 10 – 23 mm
BEOBACHTUNGSZEIT: Januar – Dezember
ERNÄHRUNGSWEISE: Allesfresser
LEBENSRAUM: Offenland- und Waldlebensräumen, auch im Siedlungsbereich

KÜMMERN SICH UM DIE EIER Die Weibchen betreiben Brutpflege und kümmern sich um die Eier, die stetig gesäubert und gewendet werden. Nymphen lassen sich im Frühjahr und Sommer beobachten. Sie ähneln den ausgewachsenen Exemplaren, weisen jedoch noch keine Halbflügeldecken auf. Der Gemeine Ohrwurm ist die häufigste heimische Ohrwurmart und wurde von Europa aus in viele Teile der Erde verschleppt. Heute findet man ihn auch in Nord- und Südamerika oder in Australien und Neuseeland.

FLÜGEL-ORIGAMI

Die häutigen Hinterflügel sind bei Ohrwürmern in einer sehr komplizierten Falttechnik zusammengelegt.

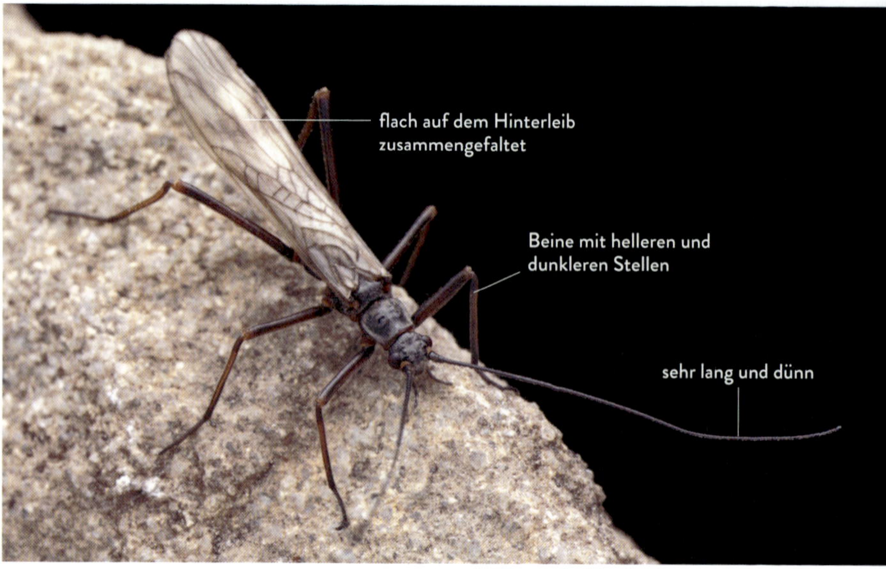

Schoenemunds Steinfliege

Taeniopteryx schoenemundi, Steinfliegen

GRÖSSE: 7 – 11 mm
BEOBACHTUNGSZEIT: Dezember – März
ERNÄHRUNGSWEISE: Larven vermutlich Algen und Mikroorganismen, Imagines vermutlich keine Nahrung mehr
LEBENSRAUM: Bäche und Flüsse sowie deren direktes Umfeld

IM WINTER AKTIV Eine richtige Wintersteinfliege, deren Imagines ausschließlich im Winter angetroffen werden können. Das Maximum der Aktivität liegt im Januar und Februar. Die Art konnte in den vergangenen Jahren an vielen Stellen erstmalig aufgefunden werden oder wurde nach langer Zeit wiederentdeckt. Interessant ist, dass sie – untypisch für Steinfliegen – auch große Flüsse wie den Rhein besiedelt. Zur Beobachtung kann man Brücken oder Geländer in Wassernähe absuchen.

INDIKATOREN

Steinfliegen zählen traditionell zu den Insekten in Fließgewässern, die Hinweise auf die Gewässergüte geben können.

Weinhähnchen

Oecanthus pellucens, Echte Grillen

GRÖSSE: 14 – 17 mm
BEOBACHTUNGSZEIT: Juli – September
ERNÄHRUNGSWEISE: Zarte Blütenteile sowie kleine Insekten und andere Wirbellose
LEBENSRAUM: Trockenrasen, Weinberge, Deiche und Brachflächen

GRILLENGESANG Das Weinhähnchen ist unsere einzige heimische Blütengrille. Die Männchen geben feine „drü-drü"-Laute von sich, die Stridulation – so nennt man die Lauterzeugung, bei der bewegliche Körperteile aneinandergerieben werden – klingt bilderbuchmäßig nach einer Grille. Männchen (Bild) besitzen am Hinterleib zwei spitze Anhänge, Weibchen einen langen, auffälligen Legebohrer.
Während historisch nur besonders trockenwarme Regionen in Deutschland besiedelt wurden, hat es sich in den letzten Jahren stark ausgebreitet und besiedelt zunehmend auch Brachen und Bahngleise in Siedlungsbereichen. Es verhält sich in einigen Bereichen also auch als Kulturfolger.

Sumpfschrecke

Stethophyma grossum, Feldheuschrecken

GRÖSSE: 16 – 35 mm
BEOBACHTUNGSZEIT: Juli – Oktober
ERNÄHRUNGSWEISE: Gräser, vor allem Süß- und Riedgräser
LEBENSRAUM: Feuchtgebiete, feuchte Wiesen, Weideland, Feldränder

ZIRPT NICHT, SONDERN KNIPST Die Sumpfschrecke ist gut flugfähig und damit in der Lage, auch neue Gebiete zu besiedeln. Sumpfschrecken zirpen nicht, sondern erzeugen einen deutlichen Knipslaut. Für die Entwicklung benötigen sie dauerhaft feuchte Bereiche. Auf Grund der Lebensraumveränderungen gab es diese Art früher bei uns deutlich häufiger und sie war weiter verbreitet.

MEHR ROT

Gelegentlich kommen Exemplare der Sumpfschrecke mit größerem Rotanteil vor, die dann sehr farbenprächtig wirken.

Große Goldschrecke

Chrysochraon dispar, Feldheuschrecken

GRÖSSE: 19 – 30 mm
BEOBACHTUNGSZEIT: Juni – Oktober
ERNÄHRUNGSWEISE: Nymphen und Imagines von Gräsern und Kräutern
LEBENSRAUM: Feuchtgebiete, Wiesen, Kahlschläge an Wäldern und Wegränder

SINGT „SISISISI"

Die Laute der Großen Goldschrecke erklingen alle 5 – 10 Sekunden und erinnern an ein „Sisisisi".

GRÖSSERE WEIBCHEN Die Geschlechter unterscheiden sich bei dieser Art sehr deutlich. Das Männchen ist kleiner als das Weibchen, hat dafür aber viel längere Hinterflügel. In selteneren Fällen können jedoch in beiden Geschlechtern auch voll geflügelte Individuen auftreten. Bei ersten Bestimmungsübungen zu Heuschrecken ist das Weibchen dieser Art einfacher zu erkennen als das Männchen.

PRÄZISE BEUTEGREIFERIN
Mit ihren bedornten Vorderbeinen erbeutet die Gottesanbeterin ruckartig andere Insekten und Spinnen. Die zahlreichen Dornen verhindern, dass die Beute entkommen kann.

Europäische Gottesanbeterin

Mantis religiosa, Fangschrecken

GRÖSSE: 40 – 80 mm
BEOBACHTUNGSZEIT: Juli – Oktober, Nymphen ab Mai
ERNÄHRUNGSWEISE: Insekten und andere Wirbellose
LEBENSRAUM: Trockenwarmes Grasland, Trocken- und Magerrasen, auch Waldränder und Brachen

KANNIBALISMUS Besonders berühmt ist die Gottesanbeterin für ihren sexuellen Kannibalismus. Etwa ein Drittel der Männchen wird während oder nach der Paarung vom Weibchen verspeist. Weibchen sind insgesamt etwa 2 cm größer und massiger gebaut. Sie fliegen deutlich weniger als die Männchen, die große Strecken zurücklegen können.
SCHÜTZENDER EIKOKON Besonders auffällig ist, dass die Art für ihre Eier einen Kokon aus einer schnell aushärtenden Eiweißmasse produziert – die Oothek. Sie erinnert in ihrem Aussehen ein wenig an ausgehärteten Bauschaum. In ihr sind die Eier vor Fressfeinden geschützt und halten auch Frost problemlos stand. Die Larven schlüpfen im Folgejahr.
AKTUELLE AUSBREITUNG Früher waren Gottesanbeterinnen auf die wärmsten Standorte in Deutschland beschränkt, inzwischen haben sie sich deutlich ausgebreitet. In den letzten Jahren konnten sie bis in den Norden Deutschlands vordringen und sogar mitten in Großstädten beobachtet werden. Eventuell spielen auch punktuelle Verschleppungen dabei eine Rolle – eingefangene Tiere aus anderen Regionen, die in Terrarien gehalten wurden, werden wieder ausgesetzt. Die Gottesanbeterin ist nach Bundesartenschutzverordnung geschützt und darf weder gefangen noch gehalten werden.

Wichtige Merkmale: beweglicher Kopf mit großen Augen, „Fangarme“, verlängertes Halsschild und einheitlich grün, gelbbraun oder braun gefärbt.

Ungefleckte Staublaus

Stenopsocus immaculatus, Staubläuse

GRÖSSE: 3,5 – 4 mm
BEOBACHTUNGSZEIT: Juni – September
ERNÄHRUNGSWEISE: Vermutlich von auf Pflanzenoberflächen anhaftenden Algen, Pilze und Flechten
LEBENSRAUM: Auf Laubbäumen und Gebüschen, seltener auch auf Nadelbäumen

WENIG SCHRECKHAFT Die Art kann man vor allem auf den Blattoberflächen und auf der Borke von Gehölzen entdecken. Dort sitzen die Tiere sehr ruhig an Ort und Stelle und lassen sich nicht beunruhigen. Die artgenaue Bestimmung von Staubläusen ist sehr schwierig und erfordert viel Erfahrung.

Die Kopfform von Staubläusen ist besonders auffällig. Mit ihren Mundwerkzeugen schaben und meißeln sie Oberflächen ab.

Schwertlilien-Blattlaus

Aphis newtoni, Röhrenblattläuse

GRÖSSE: 2 – 3 mm
BEOBACHTUNGSZEIT: April – September
ERNÄHRUNGSWEISE: Pflanzensäfte von Schwertlilien
LEBENSRAUM: Gewässerufer mit Schwertlilienbeständen, auch im Siedlungsraum, in Parks oder an Gartenteichen

BELIEBT BEI AMEISEN An Ufern auf Schwertlilien *(Iris)* zu beobachten, wo sie Pflanzensäfte saugen. Die Art bildet dichte Kolonien sowohl auf Pflanzen, die frei im Wasser stehen, als auch auf solchen, die Kontakt zum Ufer haben. Ist Kontakt zum Ufer da, werden die Kolonien oft von Ameisen besucht, die deren Honigtau zu sich nehmen.

HONIGTAU

So nennt man das zuckerhaltige Stoffwechselendprodukt, das Läuse nach dem Saugen von Pflanzensäften abgeben.

Große Weidenrindenlaus

Tuberolachnus salignus, Röhrenblattläuse

GRÖSSE: 5 – 6 mm
BEOBACHTUNGSZEIT: Januar – Dezember
ERNÄHRUNGSWEISE: Pflanzensäfte von Weiden, seltener auch von Pappeln
LEBENSRAUM: Vor allem in Auen, Parkanlagen und Brachen; überall dort, wo Weiden wachsen

OHNE MÄNNCHEN Die Große Weidenrindenlaus gehört zu den häufigen Arten an verschiedensten Weidenarten, dort trifft man sie einzeln oder in großen Ansammlungen an. Sie pflanzt sich durch Parthenogenese fort, es sind daher keine Männchen bekannt. In anderen Teilen der Erde tritt die Art nach Einschleppung invasiv auf, z. B. in Neuseeland.

PARTHENOGENESE

... bedeutet Jungfernzeugung: Das Weibchen bringt – ohne sich vorher zu paaren – Nachkommen zur Welt, die mit ihr genetisch identisch sind.

Rhododendronzikade

Graphocephala fennahi, Zwergzikaden

GRÖSSE: 8 – 9 mm
BEOBACHTUNGSZEIT: Juni – November
ERNÄHRUNGSWEISE: Pflanzensäfte von Rhododendron
LEBENSRAUM: Gärten, botanische Gärten, Parkanlagen und Friedhöfe

Die prächtige Färbung macht die Rhododendronzikade in Mitteleuropa unverwechselbar!

GANZ SCHÖN BUNT Die Art kann überall an Rhododendron gefunden werden. Schaut man ihr länger beim Saugen der Pflanzensäfte zu, kann man beobachten, dass sie die verarbeiteten Säfte in einem Strahl hinausspritzt. Nur selten taucht sie fernab ihrer Futterpflanzen auf, dann handelt es sich meist um Tiere, die gerade wandern. In Deutschland wurde die ursprünglich in Nordamerika beheimatete Art erstmals 1978 nachgewiesen. Mittlerweile ist sie flächendeckend an Rhododendron nachgewiesen.

UNBEABSICHTIGTE ROTFÄRBUNG

Erythrismus – eine schöne Laune der Natur

ERYTHRISMUS BEZEICHNET die Rotfärbung bei Tieren. Dabei entfallen die dunklen Farbpigmente und es entsteht ein rötlicher Ton. Diese genetische Abweichung tritt bei Heuschrecken recht regelmäßig auf, solche Tiere sind dann interessanterweise intensiv pink gefärbt. Vor allem bei Grashüpfern der *Chorthippus biguttulus*-Gruppe kann man das Phänomen bei uns beobachten.

ROT LEBT GEFÄHRLICH Die abgebildete Nymphe auf dem Foto stammt von einer Industriebrache im Ruhrgebiet. Es wird vermutet, dass junge Grashüpfer mit Erythrismus nur selten erwachsen werden, da ihre Tarnung nicht sonderlich gut ist. Sie werden schnell von Fressfeinden entdeckt und verspeist.

Durch das Fehlen der dunklen Farbpigmente erscheint der Nachtigall-Grashüpfer *(Chothippus biguttullus)* pink.

Die Rotfärbung , die wir z. B. beim Marienkäfer sehen, hat nichts mit Erythrismus zu tun.

Büffelzikade

Stictocephala bisonia, Buckelzirpen

GRÖSSE: 7 – 10 mm
BEOBACHTUNGSZEIT: Juli – Oktober
ERNÄHRUNGSWEISE: Pflanzensäfte verschiedenster krautiger Pflanzen
LEBENSRAUM: In zahlreichen Offenlandstandorten, auch mitten im Stadtgebiet

Die Büffelzikade ist unverwechselbar. Von oben betrachtet kann man die beiden dornartigen Fortsätze des Halsschildes gut erkennen. Diese erinnern an Hörner und brachten der Art ihren Namen.

NEUANKÖMMLING Die ursprünglich nordamerikanische Art wurde erstmals 1966 in Deutschland festgestellt. Seitdem verbreitete sie sich rasch und lebt sowohl in naturnahen Lebensräumen als auch mitten im Siedlungsgebiet, etwa auf Brachen oder entlang von Gebüschen oder Hecken. Aktuell liegt die nördliche Verbreitungsgrenze in etwa auf der Höhe von Nordrhein-Westfalen. Im Winter überdauern die Eier, aus denen im nächsten Frühjahr die Nymphen schlüpfen.

Gemeine Blutzikade

Cercopis vulnerata, Blutzikaden

GRÖSSE: 9 – 11 mm
BEOBACHTUNGSZEIT: Mai – August
ERNÄHRUNGSWEISE: Nymphen saugen Pflanzensäfte an Wurzeln, Imagines an oberirdischen Pflanzenteilen
LEBENSRAUM: In verschiedensten Offenlandlebensräumen, Auen und Waldsäumen

Bei der Paarung sitzen Blutzikaden dicht nebeneinander, nur ihr Hinterleib wird zur Kopula gedreht.

ROT-SCHWARZ GEMUSTERT Blutzikaden fallen durch ihre Färbung auf Gräsern, Kräutern und Sträuchern gut auf. Bei Störung springen die Tiere einige Zentimeter weg. Anfangs sind die Larven von einer schützenden Schaumschicht („Kuckucksspeichel") umgeben, dann findet die Entwicklung der Gemeinen Blutzikade unter der Erde in kleinen Erdhöhlen statt. Ihre Larven saugen Pflanzensäfte von den Wurzeln der verschiedensten Pflanzen. Gelegentlich kann man sie entdecken, wenn man einen festsitzenden Stein umdreht und ihre Erdhöhle unter diesem lag.

Kiefernblutzikade

Haematoloma dorsatum, Blutzikaden

GRÖSSE: 6,5 – 7,5 mm
BEOBACHTUNGSZEIT: April – Juli
ERNÄHRUNGSWEISE: Pflanzensäfte von Nadeln der Nadelbäume, vor allem Kiefern
LEBENSRAUM: Bestände von Kiefern, Kiefernwälder, Binnensanddünen, warmtrockene Heiden

Durch die Oberflächenbehaarung kann die Art gut von den anderen heimischen Blutzikaden unterschieden werden.

NADELN FALLEN AB Eine Art, die seit den 1930er Jahren in Mitteleuropa auftritt und in den vergangenen Jahren in ihren Vorkommen deutlich zugenommen hat. Die Zikaden saugen an Nadeln von Nadelgehölzen. Dadurch bilden sich an den Nadeln erst Querreihen von gelblichen bis bräunlichen Ringen, später werden sie ganz braun und fallen ab. Die Eier werden am Boden zwischen Gräsern abgelegt. Die Larven saugen Pflanzensäfte aus den Wurzeln von Gräsern. Man findet die Kiefernblutzikade vor allem auf Sand- und Kalkböden.

Bergsingzikade

Cicadetta cantilatrix, Singzikaden

Ältere Menschen können ihren Gesang oft nicht mehr wahrnehmen!

GRÖSSE: 23 – 28 mm
BEOBACHTUNGSZEIT: Mai – August
ERNÄHRUNGSWEISE: Nymphen unteridisch, saugen Saft an Wurzeln, Imagines Saft aus Leitbahnen von größeren Pflanzen
LEBENSRAUM: Trockenwarme Hänge, verbuschte Mager- und Trockenrasen

EXUVIEN ENTDECKEN Die Entwicklung der Larven findet im Boden in selbst geschaffenen Erdhöhlen statt. Nach dem Schlupf hinterlassen die Zikaden ihre auffälligen Exuvien, also ehemaligen Larvenhäute, die man gelegentlich unter Steinen finden kann.
AM GESANG ERKENNEN Von zwei anderen, ähnlichen Bergsingzikaden lässt sich die Art rein optisch nicht unterscheiden, während es am Gesang gut funktioniert. Das Tier auf dem Foto wurde am Mittelrhein in Rheinland-Pfalz gesichtet und „verhört“. Bergsingzikaden zählen zu einer kleinen Gruppe von Zikaden mit hörbaren Gesängen, die zu warmen Tageszeiten erzeugt werden.

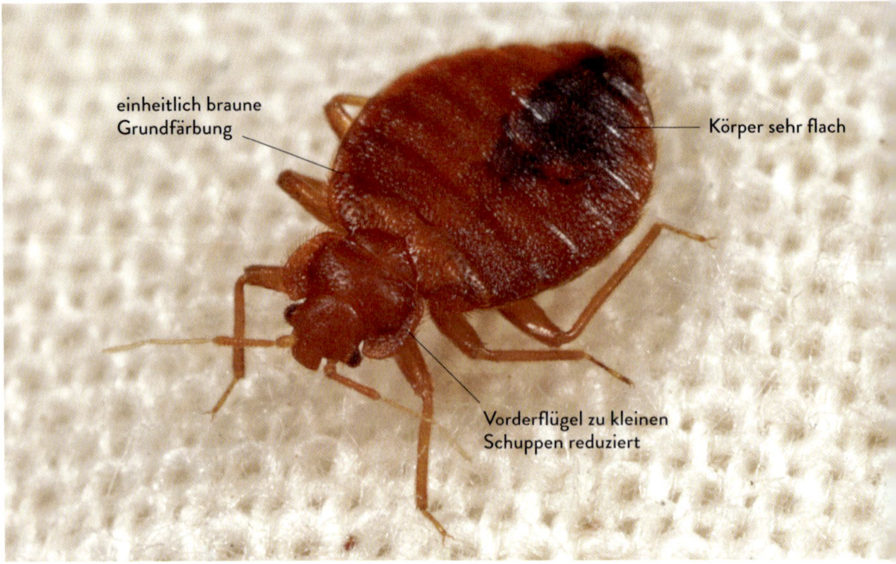

Bettwanze

Cimex lectularius, Plattwanzen

GRÖSSE: 4 – 9 mm
BEOBACHTUNGSZEIT: Januar – Dezember
ERNÄHRUNGSWEISE: Blut von Säugetieren wie dem Menschen
LEBENSRAUM: In Häusern, selten in Tiernestern im Freiland

UNANGENEHMER ZEITGENOSSE Die Körpergröße schwankt stark, je nachdem, wie sehr die Tiere mit Blut vollgesogen sind. Sind sie ausgehungert, ist ihr Körper fast so dünn wie Papier. Ihren schlechten Ruf haben Wanzen als vielfältige Insektengruppe nur aufgrund dieser einen Wanzenart, die dem Menschen lästig werden kann. Bettwanzen aus einer Wohnung loszuwerden, ist mit viel Geduld und dem kontinuierlichen Entfernen verbunden.

Selbstversuch

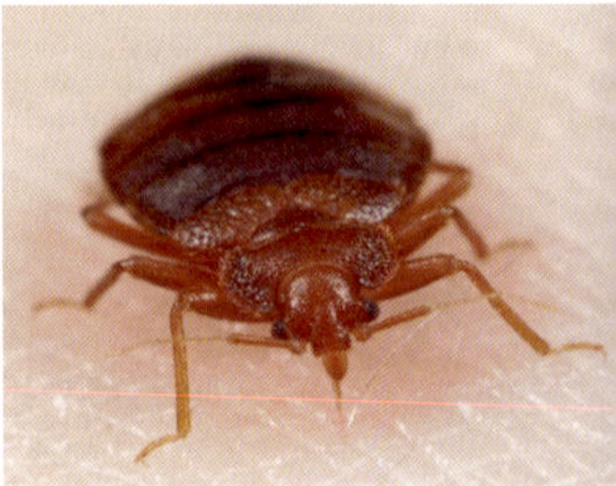

Bettwanze beim Blutsaugen auf meinem Unterarm, damit ich die Art für dich fotografieren konnte. Beim Saugen von Blut füllt sich der Hinterleib langsam und färbt sich dunkelrot.

Bunte Zwergweichwanze

Campyloneura virgula, Weichwanzen

GRÖSSE: 4 – 5 mm
BEOBACHTUNGSZEIT: Juni – September
ERNÄHRUNGSWEISE: Nymphen und Imagines leben räuberisch von Blattflöhen, Blattläusen und Milben
LEBENSRAUM: Parkanlagen, Gärten und Waldsäume

KEINE MÄNNCHEN Eine Art, die man gut auf Blättern von Gebüschen und Bäumen in Parks und Gärten beobachten kann. Durch ihre filigrane Gestalt ist sie eher unscheinbar, die Kombination ihrer Farben macht sie bei uns jedoch unverwechselbar. Sie pflanzt sich durch Jungfernzeugung (Parthenogenese, die Nachkommen entwickeln sich aus unbefruchteten Eizellen – siehe auch S. 30) fort, sodass nur Weibchen hervorgehen, die genetisch identische Klone der Muttergeneration sind. Es gibt bislang erst wenige bekannt gewordene Männchen, die allerdings nicht fortpflanzungsfähig waren. Neben der räuberischen Ernährungsweise wurden auch schon Exemplare bei der Aufnahme von Honigtau beobachtet.

Ameisen-Sichelwanze

Himacerus mirmicoides, Sichelwanzen

GRÖSSE: 7 – 9 mm
BEOBACHTUNGSZEIT: März – November
ERNÄHRUNGSWEISE: Kleine wirbellose Tiere, vor allem Insekten
LEBENSRAUM: In verschiedensten Offenland- und Waldlebensräumen sowohl in trockeneren als auch in feuchten Bereichen

ERWACHSENE TIERE

In der Zoologie werden erwachsene, geschlechtsreife Insekten nach der letzten Häutung Imago (Mehrzahl: Imagines) genannt.

SIEHT MAN AUCH IM WINTER Die Wanzen überwintern als Imagines an witterungsgeschützten Stellen wie in trockenen, zusammengerollten Blättern oder unter losen Borkenschuppen von Bäumen. Es sind also auch Funde im Winter denkbar. Der deutsche Name rührt vom ameisenähnlichen Erscheinungsbild der Jungtiere sowie dem, von der Seite betrachtet, sichelförmigen Saugrüssel her.

Geringelte Mordwanze

Rhynocoris annulatus, Raubwanzen

GRÖSSE: 12 – 15 mm
BEOBACHTUNGSZEIT: Mai – August
ERNÄHRUNGSWEISE: Nymphen und Imagines räuberisch von anderen Insekten und Wirbellosen
LEBENSRAUM: Waldsäume, Wegränder mit kleineren Gehölzen, Hecken

Die Beute, hier ein Asiatischer Marienkäfer, wird durch einen auffälligen Saugrüssel ausgesaugt. Außerhalb der Fraßaktivität ist dieser unter den Kopf geklappt.

SAUGT DIE BEUTE AUS Ab Mai sind die Wanzen ausgewachsen und paaren sich bis in den Hochsommer hinein, die Eier werden bis in den Juli gelegt. Noch im Spätsommer schlüpft die neue Generation. Bis zum späten Herbst häuten die Nymphen sich drei bis vier Mal und überwintern verborgen am Boden, beispielsweise in der Streu, unter Pflanzenteilen oder unter Totholz. Erst im zeitigen Frühjahr des nächsten Jahres werden sie wieder aktiv und entwickeln sich fertig zum ausgewachsenen Insekt.

Kiefernrindenwanze

Aradus cinnamomeus, Rindenwanzen

GRÖSSE: 3,2 – 5,1 mm
BEOBACHTUNGSZEIT: April – Juli
ERNÄHRUNGSWEISE: Pflanzensäfte von Kiefern
LEBENSRAUM: An Kiefern in Wäldern, Offenlandlebensräumen wie Heiden, in Parkanlagen

Langflügelige Variante

GUT GETARNT Auf der Borke von Kiefern ist die Wanze perfekt getarnt. Ihr Körper ist so flach, dass sie auch zwischen abstehende Borkenschuppen passt und dort Unterschlupf finden kann. Für die Entwicklung benötigen die Wanzen zwei Jahre, wobei die Larven überwintern. Anders als die meisten verwandten Arten von Rindenwanzen, die Säfte an Totholzpilzen saugen, saugt diese Art Säfte lebender Bäume. Dabei bevorzugt sie geschwächte Bäume. Es gibt sowohl kurzflügelige Exemplare (großes Bild) als auch solche mit langen Flügeln (kleines Bild).

Zimtwanze

Coryzus hyoscami, Glasflügelwanzen

Ein leichter Zimtgeruch verleiht der Art ihren deutschen Namen.

GRÖSSE: 10 – 12 mm
BEOBACHTUNGSZEIT: April – Oktober
ERNÄHRUNGSWEISE: Pflanzensäfte von Samen und Früchten, vor allem an Korbblütlern
LEBENSRAUM: In verschiedensten Offenlandlebensräumen, Feldränder, Brachen, Gärten oder Straßensäume

MAG PUSTEBLUMEN Sie ist deutlich schlanker als die ähnlich gefärbte Gemeine Feuerwanze (S. 45). Zimtwanzen lassen sich gut auf den Pusteblumen des Löwenzahns beobachten, da die zahlreichen Samen an einem Blütenstand sehr nahrhaft sind. Nachdem die Wanzen sich im Frühjahr gepaart haben, entwickeln sich die unscheinbar braun gefärbten Nymphen über den Sommer hinweg, bis die neue Generation ausgewachsener Wanzen im Spätsommer aus diesen hervorgeht. Diese überwintern in der Bodenstreu sowie unter bodennahen Pflanzen oder Moosen.

Streifenwanze

Graphosoma italicum, Baumwanzen

GRÖSSE: 8–12 mm
BEOBACHTUNGSZEIT: Mai–Oktober
ERNÄHRUNGSWEISE: Pflanzensäfte von krautigen Pflanzen, bevorzugt von Doldenblütlern
LEBENSRAUM: Verschiedene Offenlandlebensräume, wie Feldränder, Brachen, Gärten, Straßenböschungen

Von hinten gut zu erkennen: Das für diese Art charakteristische große Schildchen, das fast die Spitze des Hinterleibs erreicht. Darunter sind die gefalteten Hinterflügel sichtbar.

LIEBT DOLDENBLÜTLER Die rot-schwarze Färbung der Streifenwanze wird bislang als Warnfärbung interpretiert. Zur Kommunikation mit Artgenossen erzeugen die Tiere Bauchvibrationen, die durch die Pflanze verstärkt werden können. So finden sich auch Paare auf einzelnen Pflanzen besser. Die Art hat eine Vorliebe für Pastinaken, Möhren oder Giersch. Selten kann man sie aber auch räuberisch beim Aussaugen anderer Insekten beobachten.

Gemeine Feuerwanze

Pyrrhocoris apterus, Feuerwanzen

GRÖSSE: 8 – 12 mm
BEOBACHTUNGSZEIT: März – November, zum Teil kurze Pause im Sommer
ERNÄHRUNGSWEISE: Pflanzensamen, an denen sie saugen, gern an Lindensamen
LEBENSRAUM: Vor allem im Siedlungsbereich in Parkanlagen, Alleen und Gärten

Die Tiere sammeln sich, durch Pheromone (Lockstoffe) gesteuert, zum Teil massenhaft. Dabei kann man verschiedene Entwicklungsstadien beobachten.

KOMMT MASSENHAFT VOR Sicherlich eines der bekanntesten Insekten im Siedlungsraum, das durch das gesellige Auftreten unter Linden auffällt. Bemerkenswert ist, dass gelegentlich Exemplare mit langen Hinterflügeln auftauchen. Ich selbst konnte sie schon an mehreren Stellen im Ruhrgebiet entdecken. Es lohnt sich also immer, genauer hinzusehen.

KEIN KÄFER! Oft werden Feuerwanzen umgangssprachlich fälschlicherweise als „Feuerkäfer" bezeichnet.

Insekten am Licht

KÜNSTLICHES ELEKTRISCHES LICHT, das für uns selbstverständlich erscheint, ist erst etwa 220 Jahre alt. Setzt man 30 Jahre für eine Generation von Menschen an, existiert es gerade einmal seit etwa 7,5 Generationen. Dass sich Insekten noch nicht evolutionär darauf einstellen konnten, erscheint bei der kurzen Koexistenz logisch.

Heiße Sommertage bringen einen echt ins Schwitzen! In „tropischen Nächten" fliegen aber enorm viele Insekten und machen sie zu den spannendsten Leuchtabenden überhaupt.

WARUM FLIEGEN INSEKTEN ANS LICHT?
Insekten orientieren sich größtenteils am Licht. Erst vor wenigen Jahren wurde geklärt, dass sie dabei ihren Rücken entlang der Körperachse zur Lichtquelle hin ausrichten. Tagsüber ist es die Sonne oder der helle Himmel, an denen sie sich orientieren, nachts der Mond, der das Sonnenlicht reflektiert. Ihre Ausrichtung und Orientierung zum Licht hin sorgt bei künstlichen Lichtquellen oft zur Irritation und sie kreisen z. B. um eine Glühbirne, weil sie ihre Körperachse immer wieder zum Licht hin ausrichten müssen. Der in der Spanne der Evolution enorm winzige Zeitraum, in dem Kunstlicht existiert, sorgt bei den verschiedensten Arten für Verwirrung. Sie konnten sich noch nicht daran anpassen.

Dass Insekten an künstliches Licht fliegen, macht man sich bei der Beobachtung zu Nutze. Sie lassen sich an Tüchern oder feinen Netzen nieder, die mit ultraviolettem Licht angestrahlt werden.

Der Klapphornkäfer *(Odonteus armiger)* lebt unterirdisch an Pilzen. Er wird überwiegend nur an Licht gefangen, weil er nur kurze Zeit in der Dämmerung schwärmt.

Gebänderte Prachtlibelle

Calopteryx splendens, Prachtlibellen

GRÖSSE: 5 cm, Flügelspannweite 6,5 – 7 cm
BEOBACHTUNGSZEIT: April – September
ERNÄHRUNGSWEISE: Larven räuberisch von wirbellosen Tieren im Wasser, Imagines räuberisch von Insekten
LEBENSRAUM: Flüsse und Bäche mit ihren Auen, strukturreiche Gräben, auch an größeren Stillgewässern

Die Männchen sind dunkler als die Weibchen und haben einen charakteristischen dunklen Fleck auf den Flügeln, der zum deutschen Namen der Art führte.

GEBÄNDERTE FLÜGEL Die Art sieht man ab Ende April in Fluss- und Bachauen entlang von Gewässern, vor allem dort, wo Pflanzen in fließberuhigteren Bereichen direkt im Wasser stehen. Im Gegensatz zur Blauflügel-Prachtlibelle kommt sie gelegentlich auch im Uferbereich größerer Stillgewässer vor. Libellen lassen sich von ganz Nahem besonders gut am frühen Morgen vor Sonnenaufgang beobachten.

Blauflügel-Prachtlibelle

Calopteryx virgo, Prachtlibellen

GRÖSSE: 5 cm, Flügelspannweite 6,5 – 7 cm
BEOBACHTUNGSZEIT: April – September
ERNÄHRUNGSWEISE: Larven räuberisch von wirbellosen Tieren im Wasser, Imagines räuberisch von Insekten
LEBENSRAUM: Flüsse und Bäche mit ihren Auen, strukturreiche Gräben, auch in Wäldern und Mooren

DUNKELBLAUE FLÜGEL Ähnelt in der Lebensweise stark der Gebänderten Prachtlibelle, kommt jedoch zusätzlich auch in Wäldern und an Moorbächen vor. Wenn du dir bei der Unterscheidung der Weibchen draußen unsicher bist, kannst du auch die Bilderkennungsfunktion von Meldeplattformen nutzen – sie bekommen die Unterscheidung akkurat hin.

Die Männchen sind dunkler gefärbt als die Weibchen und haben charakteristische dunkelblaue Flügel, die der Art den deutschen Namen geben.

Große Pechlibelle

Ischnura elegans, Schlanklibellen

GRÖSSE: 30 – 32 mm, Flügelspannweite 35 – 40 mm
BEOBACHTUNGSZEIT: April – Oktober
ERNÄHRUNGSWEISE: Larven räuberisch von Insekten und wirbellosen Tieren im Wasser, Imagines räuberisch von Insekten
LEBENSRAUM: Stehende und langsam fließende Gewässer

Während der Paarung bilden Libellen ein sogenanntes Paarungsrad. Die Position kommt aufgrund der Lage der Geschlechtsorgane zustande.

PECHSCHWARZ Die Große Pechlibelle kann sich an vielen Gewässern entwickeln. Oft ist sie an einem neuen Gartenteich sogar die erste Libellenart. Männchen und Weibchen unterscheiden sich, wie bei den meisten Libellen, deutlich. Der große Schwarzanteil in der Färbung war namensgebend für den deutschen Trivialnamen. Weibchen sind dabei formenreicher gezeichnet als die Männchen.

Große Königslibelle

Anax imperator, Edellibellen

GRÖSSE: 9 cm, Flügelspannweite 9,5 – 11 cm
BEOBACHTUNGSZEIT: Mai – September
ERNÄHRUNGSWEISE: Larven räuberisch im Wasser, Imagines räuberisch von Insekten
LEBENSRAUM: Seen, Moorgewässer, stehende Kleingewässer, Teiche, langsam fließende Gräben

FLIEGENDES JUWEL Eine imposante, ziemlich große Libelle mit auffälliger Färbung. Sie gehört zu den häufigen Libellen im Siedlungsraum und kann fliegend auch weit entfernt von Gewässern angetroffen werden. Nach dem Schlupf benötigen die Libellen etwa zehn Tage, um geschlechtsreif zu werden. Das Weibchen legt die Eier in Pflanzengewebe, das es dafür leicht einsticht. Die Kraft dazu wird mit Flügelschlägen erzeugt. Große Königslibellen sind dafür bekannt, sogar andere Libellenarten zu fressen.

Hat herrliche Farben!

Keilfleck-Mosaikjungfer

Isoaeshna isoceles, Edellibellen

GRÖSSE: 6 – 6,5 cm, Flügelspannweite 8,5 – 9,5 cm
BEOBACHTUNGSZEIT: Mai – August
ERNÄHRUNGSWEISE: Larven räuberisch im Wasser, Imagines räuberisch von Insekten
LEBENSRAUM: Im Schilfbereich stehender und langsam fließender Gewässer

Keilflecklibellen kann man gut beobachten, während sie an der wasserzugewandten Seite von Wasserpflanzen sitzen.

FLIEGT EHER WENIG Eine recht früh zu beobachtende Libellenart, die vor allem im Flachland zu finden ist. Sie fliegt verhältnismäßig wenig und kann mit Geduld meist sitzend beobachtet werden. Bei der Eiablage sticht das Weibchen die Eier in Wasserpflanzen ein. Die Funde nehmen aktuell zu, sodass die Sichtungen auch in den kommenden Jahren weiter ansteigend sein könnten. Sie ähnelt stark der Braunen Mosaikjungfer *(Aeshna grandis)*, die jedoch braune Flügel hat.

Gemeine Eintagsfliege

Ephemera vulgata, Eintagsfliegen

2 Jahre für 2 Tage!

GRÖSSE: 15 – 24 mm, Flügelspannweite 35 – 45 mm
BEOBACHTUNGSZEIT: Mai – September
ERNÄHRUNGSWEISE: Larven filtern organisches Material, Imagines nehmen keine Nahrung mehr zu sich
LEBENSRAUM: Seen und langsam fließende Flüsse sowie deren Umgebung

LEBT NUR KURZ Die Imagines der Gemeinen Eintagsfliege leben zwei bis vier Tage lang. Ihre Larven leben im Wasser in sandigen und feinen schlammigen Bereichen. Sie filtern als Nahrung feines organisches Material aus dem Wasser und benötigen zwei Jahre für ihre Entwicklung. Im Gegensatz zu anderen Eintagsfliegen derselben Gattung schwärmen die Männchen der Gemeinen Eintagsfliege in Bodennähe und nicht in Baumkronen.

BRAUNE MAIFLIEGE Die Art kann man besonders gut an der dunklen braunen Färbung der Flügel sowie an den dunklen Flecken erkennen, sie wird daher manchmal auch „Braune Maifliege“ genannt. Andere Arten sind insgesamt eher heller gefärbt.

Gelbgefleckte Berg-Köcherfliege

Philopotamus montanus, Köcherfliegen

GRÖSSE: 4 – 9 mm, Flügelspannweite 12 – 20 mm
BEOBACHTUNGSZEIT: Februar – Oktober
ERNÄHRUNGSWEISE: Larven filtrieren organische Partikel im Wasser, Imagines fressen vermutlich nicht mehr
LEBENSRAUM: Kleine Flüsse, Bäche und Rinnsale im Bergland

LARVEN BAUEN NETZE Die Art präferiert eher schnellere Strömungsverhältnisse. Für ihre Entwicklung ist sie auf Steine und Totholz angewiesen. An diesen Substraten bauen die Larven röhrenförmige Netze, mit denen sie feine organische Partikel aus dem Wasser filtern, um diese zu fressen. Die adulten Köcherfliegen sitzen in der Nähe des Wassers an Totholz, auf Steinen oder in der niedrigen Vegetation.

WER IST WER?

Die exakte Bestimmung der drei heimischen Philopotamus-Arten funktioniert nur über die mikroskopische Untersuchung der Männchen. ♂

Markante Kamelhalsfliege

Phaeostigma notata, Kamelhalsfliegen

GRÖSSE: 15 – 30 mm, Flügelspannweite 25 – 30 mm
BEOBACHTUNGSZEIT: April – August
ERNÄHRUNGSWEISE: Räuberisch von Insekten und anderen wirbellosen Tieren
LEBENSRAUM: Laub- und Nadelwälder, Lichtungen, Waldsäume und Parkanlagen

Die Larven sind mit ihrem flachen Körperbau perfekt an das Leben in den Zwischenräumen der Borke angepasst. Sie sind flink und können sich gut rückwärtsbewegen.

MIT LANGEM HALS Die Markante Kamelhalsfliege ist tagaktiv und auf Gehölzen sowie auf deren Blättern zu finden. Ihre Larven entwickeln sich unter der Rinde verschiedenster Laub- und Nadelhölzer, wobei sie Letztere bevorzugt. Man entdeckt sie, wenn man lose Borkenschuppen von Bäumen abhebt und deren Unterseite sowie den Baumstamm absucht. Die genaue Bestimmung der Kamelhalsfliegen braucht viel Übung, dabei ist der Aderverlauf auf den Flügeln besonders wichtig.

Gelbliche Florfliege

Nineta flava, Florfliegen

GRÖSSE: 20 – 22 mm, Flügelspannweite 35 – 40 mm
BEOBACHTUNGSZEIT: Mai – September
ERNÄHRUNGSWEISE: Larven und Imagines vor allem von Blattläusen sowie anderen kleinen Insekten und Wirbellosen
LEBENSRAUM: Wälder, Parkanlagen, Gärten mit Laubbäumen

Hier erkennt man die metallisch wirkenden Augen besonders deutlich. Sie sind der Grund, weshalb Florfliegen auch „Goldaugen" genannt werden.

GUT GETARNT Die Larven tarnen sich, indem sie mit Hilfe eigener Ausscheidung z. B. Pflanzenreste oder Häute von leer gesogenen Blattläusen (ihrer Beute) auf ihrem Rücken anheften. Die Larven überwintern verpuppungsbereit und verpuppen sich im kommenden Frühjahr. Der Name „Gelbliche Florfliege" ist, wie viele deutsche Trivialnamen, etwas irreführend. Die exakte Bestimmung von Florfliegen ist schwierig und erfordert viel Erfahrung.

Grüne Nadelholzflorfliege

Apertochrysa prasina, Florfliegen

GRÖSSE: 18 – 20 mm, Flügelspannweite 32 – 34 mm
BEOBACHTUNGSZEIT: Mai – September
ERNÄHRUNGSWEISE: Larven und Imagines vor allem von Blattläusen und anderen kleinen Wirbellosen
LEBENSRAUM: Wälder, Parkanlagen und Gärten mit Nadelbäumen

MITTEN IN DER EVOLUTION Die Tiere können auf Nadelgehölzen beobachtet werden. Bei dieser Art handelt es sich um einen sogenannten Komplex aus unterschiedlichen Formen dieser Art, der derzeit in verschiedene Typen eingeteilt wird. Bei uns kommt überwiegend der „Typ 3" vor. Vermutlich handelt es sich bei diesen nur schwierig zu unterzeichnenden Formen um aktuell ablaufende Evolution hinsichtlich der Artbildung.

Larven der Gattung *Apertochrysa* schützen ihren Körper mit angeheftetem Material und Ausscheidungen.

Gefleckter Taghaft

Micromus variegatus, Taghafte

GRÖSSE: 8 – 11 mm
BEOBACHTUNGSZEIT: Mai – September
ERNÄHRUNGSWEISE: Blattläuse und andere kleine Wirbellose
LEBENSRAUM: Halboffene Lebensräume mit Gehölzen, gern in Parkanlagen und Gärten

EIN HÄUFIGER TAGHAFT, der jedoch recht verborgen lebt und daher seltener beobachtet wird. Meist hält er sich auf den Blättern von Gebüschen, Sträuchern oder krautigen Pflanzen in den unteren Bereichen auf. Darüber hinaus fliegt die Art künstliches Licht an und wird beim nächtlichen Beobachten von Schmetterlingen nachgewiesen.

VERWANDTSCHAFT

Taghafte sind mit den bekannteren grünlichen Florfliegen verwandt – beide gehören zu den Netzflüglern.

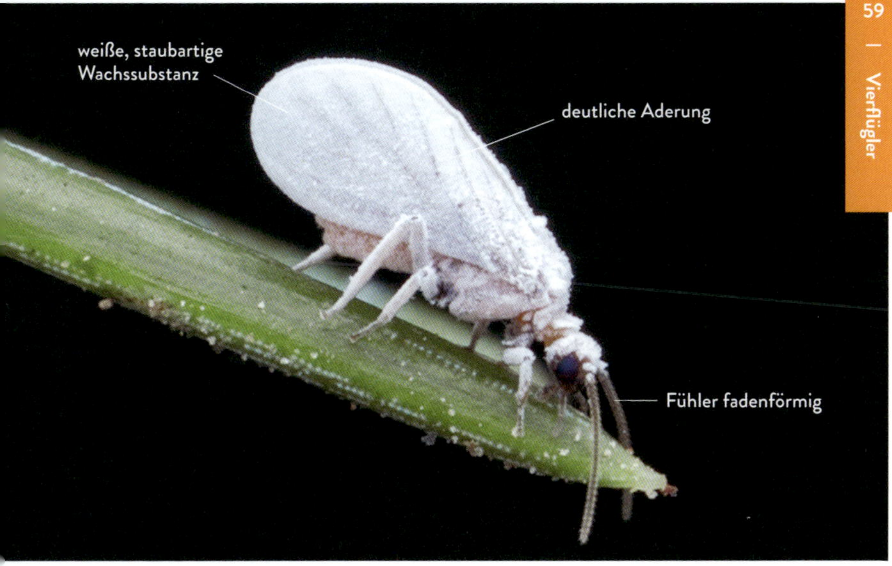

Staubhaft

Coniopteryx sp., Staubhafte

GRÖSSE: 2–4 mm
BEOBACHTUNGSZEIT: April – September
ERNÄHRUNGSWEISE: Larven von kleinen wirbellosen Tieren, Imagines zusätzlich auch Pollen
LEBENSRAUM: Wälder, Feldgehölze, Gebüsche, Parkanlagen und Gärten

SCHWIERIG

Eine ganz genaue Bestimmung der Art ist nur durch eine mikroskopische Betrachtung und eine Genitaluntersuchung möglich.

SIEHT GEPUDERT AUS Die Oberfläche ist mit einer weißen, wachsartigen Substanz überzogen, welche die Tiere über Drüsen auf der Körperoberfläche zu Beginn ihres Lebens absondern. Ihre Funktion ist jedoch nicht bekannt. Im Laufe des Lebens nutzt sich dieser weiße Überzug etwas ab. Die Larven leben von kleinen Insekten und Spinnentieren, wie etwa Blattläusen oder Milben.

Auf Brücken beobachten

Wer sich mit Steinfliegen und Netzflüglern beschäftigt, für den gehört das Absuchen von Brücken zum Standardrepertoire.

AUSSTIEGSHILFEN

Viele aquatische Insekten, die sich als Larven in Fließgewässern entwickeln, sind als ausgewachsene Imagines in der Umgebung des Gewässers aktiv. Dort pflanzen sie sich fort oder suchen sich neue, geeignete Bereiche für die Eiablage. Brücken stellen dabei einen erhöhten Punkt dar, der von einigen Arten sehr gern angenommen wird. Oft können Steinfliegen, Libellen und Eintagsfliegen an Brücken an Land kriechen und schlüpfen. Von den im Buch vorgestellten Arten kannst du z. B. Schoenemunds Steinfliege (S. 22) und die Gemeine Eintagsfliege (S. 53) auf Brücken entdecken. Auf Brückengeländern landen aber auch immer wieder andere Fluginsekten.

ZUR RICHTIGEN ZEIT AM RICHTIGEN ORT

Viele Wasserinsekten sind nur wenige Tage oder Wochen im Jahr aktiv und benötigen ganz bestimmte Fließgewässer. Man wird daher nicht an jeder Brücke zu jedem Zeitpunkt gleich viel Erfolg haben.

Die Steinfliege *Leuctra prima* kann man schon im Februar auf Brücken entdecken.

IM WINTER INTERESSANT

Im Frühjahr und Sommer sind zwar die meisten heimischen Insekten im adulten Stadium unterwegs, einige Arten haben jedoch eine Lebensweise entwickelt, bei der sie sich im Sommer entwickeln und herbst- oder winteraktiv sind. Insbesondere bei einigen Steinfliegen gibt es daher auch in der kalten Jahreszeit etwas zu entdecken.

GUT GESCHÜTZT

Exuvien, also die abgestreiften Häutungsreste von Larven, findet man in der Nähe der Wasseroberfläche. Unter Brücken bleiben sie oft länger erhalten, da sie nicht vom Regen weggespült werden.

Zwei Exuvien der Steinfliege *Zwicknia bifrons*.

Goldglänzender Laufkäfer

Carabus auronitens, Laufkäfer

GRÖSSE: 18 – 32 mm
BEOBACHTUNGSZEIT: April – Oktober
ERNÄHRUNGSWEISE: Larven und Imagines von wirbellosen Tieren
LEBENSRAUM: Wälder der Gebirge und Mittelgebirge, selten auch im Flachland

MEIST GRÜN, MAL ROT, MAL SCHWARZ Wohl unser prächtigster Waldlaufkäfer, der auch durch seine Größe besonders imposant ist. Die Art ist nachtaktiv und klettert zum Teil einige Meter auf Bäumen die Rinde hoch. Die Käfer überwintern in Totholz, unter morscher Borke und unter Moos sowie im Boden. Im folgenden Frühjahr sind die Tiere schon sehr zeitig unterwegs. Rötliche Käfer kommen nicht in allen Populationen vor und sind selten. In Belgien und Frankreich sind zudem auch schwarze Formen bekannt.

Die Käfer überwintern in größerer Zahl, zum Teil auch zusammen mit anderen Arten wie dem Blauvioletten Waldlaufkäfer *(Carabus problematicus)*.

Schwarzer Krummhornläufer

Loricera pilicornis, Laufkäfer

GRÖSSE: 6 – 8 mm
BEOBACHTUNGSZEIT: Januar – Dezember
ERNÄHRUNGSWEISE: Räuberisch von Springschwänzen
LEBENSRAUM: In den verschiedensten Offenland- und Waldlebensräumen

Mit ihren langen Borsten an den Fühlern und der damit verbundenen Jagdstrategie ist die Art bei uns unverwechselbar.

RAFFINIERTE FANGVORRICHTUNG Die Art ist feuchtigkeitsliebend und hält sich gern unter Totholz oder zwischen Moosen auf, wo sie Springschwänzen nachstellt. Sie gehört zu den Laufkäferarten mit einer hohen Toleranz an die unterschiedlichsten Lebensräume. Mit den Borsten an den Basisgliedern der Fühler bildet der Schwarze Krummhornläufer eine Art Fangkäfig, den er beim Erbeuten über die Springschwänze hält, um diese an der Flucht zu hindern.

Gemeiner Schmalkurzflügler

Stenus clavicornis, Kurzflügelkäfer

GRÖSSE: 5 – 5,3 mm
BEOBACHTUNGSZEIT: März – November
ERNÄHRUNGSWEISE: Kleine Insekten und andere wirbellose Tiere
LEBENSRAUM: Offenland- und Waldbiotope, auf Wiesen, Brachen, Trockenrasen, auch in Gärten

KOMMT HÄUFIG VOR Vor allem in Moosen, aber auch unter Pflanzen, getrockneten Pflanzenteilen oder Steinen findet man diese Art. Zum Ergreifen ihrer Beute schleudern *Stenus*-Arten ihre Unterlippe *(Labium)* schnell nach vorn. Sie ist mit Klebepolstern versehen, an denen ihre Beute haften bleibt. Zur Beute zählen unter anderem Springschwänze. Die Gattung *Stenus* ist in Deutschland sehr artenreich und umfasst fast 100 aktuell vorkommende Arten. Weltweit betrachtet ist sie mit etwa 3000 beschriebenen Arten eine der artenreichsten Tiergattungen überhaupt.

Rekordverdächtig!!!

Großer Moor-Schmalkurzflügler

Stenus kiesenwetteri, Kurzflügelkäfer

GRÖSSE: 5 – 6,2 mm
BEOBACHTUNGSZEIT: Januar – Dezember, selten im Sommer
ERNÄHRUNGSWEISE: Kleine Insekten und andere wirbellose Tiere
LEBENSRAUM: Moore mit Torfmoosen

Die Flügeldecken sind bei vielen Kurzflüglern sehr kurz und bedecken nur einen geringen Teil des Hinterleibs.

GLEITET ÜBER DAS WASSER Ein Spezialist in Mooren, der in Torfmoosen *(Sphagnum)* oder Grasbulten lebt. Die Tiere können am besten beobachtet werden, wenn man die Moospolster unter die Wasseroberfläche drückt und die Käfer an die Wasseroberfläche kommen. Die Art gibt wie viele *Stenus*-Arten ein Drüsensekret auf die Wasseroberfläche ab, auf der sich so ein feiner Film bildet. Auf diesem gleitet der Käfer und kann so viele Zentimeter schwimmen, ohne die Beine dabei zu bewegen. Als charakteristische Moorart leiden die Käfer unter der Entwässerung und Trockenlegung ihrer Lebensräume.

Rüssel-Rotdeckenkäfer

Lygistopterus sanguineus, Rotdeckenkäfer

GRÖSSE: 7 – 12 mm
BEOBACHTUNGSZEIT: Mai – August
ERNÄHRUNGSWEISE: Larven von Insekten und anderen Wirbellosen, Imagines von Pollen
LEBENSRAUM: Wälder, Lichtungen und Waldsäume

LARVE LEBT IM TOTHOLZ Die Art kann vor allem auf Blüten angetroffen werden, sitzt aber auch gern präsent in anderer niedriger Vegetation herum und fällt durch die kräftige Färbung auf. Vor allem entlang von Waldwegen kann sie beobachtet werden. Die Käfer sammeln sich oft in größerer Zahl an einer Stelle, was durch Sexualpheromone bedingt ist. Die Larve lebt an und in morschem Totholz und erbeutet dort Insekten und andere wirbellose Tiere. Sie dringt dazu auch tief in alte Bohrgänge anderer Totholzinsekten ein.

Pheromone sind Botenstoffe, die dem Informationsaustausch zwischen Individuen einer Art dienen.

Roter Weichkäfer

Rhagonycha fulva, Weichkäfer

GRÖSSE: 7 – 10 mm
BEOBACHTUNGSZEIT: Mai – August
ERNÄHRUNGSWEISE: Räuberisch von kleinen Insekten und anderen Wirbellosen
LEBENSRAUM: Felder, Wiesen, Auen, Waldsäume, Brachen und Gärten

SPÄTER KÄFER Rote Weichkäfer sind im Sommer oft in größerer Zahl auf Blüten zu beobachten. Vor allem auf weißen Doldenblütlern kann man sie gut beobachten und ihnen beim Nachstellen kleinerer Blütenbesucher zuschauen. Auch die Larven leben räuberisch am Boden und kletternd an Gehölzen.

DAS ENDE NAHT

Für manche Käferforscher zeigt diese Art das Ende der „Käfer-Hauptsaison“ an. Erscheint sie, endet die Zeit, in der die meisten Käferarten gleichzeitig unterwegs sind – eine insektenkundliche Weisheit!

Kleiner Leuchtkäfer

Lamprohiza splendidula, Leuchtkäfer

GRÖSSE: 8 – 10 mm
BEOBACHTUNGSZEIT: Juni – Juli
ERNÄHRUNGSWEISE: Larven von Schnecken, Imagines fressen nicht mehr
LEBENSRAUM: Lichte Laub- und Auwälder, gern in Gewässernähe

AUFFÄLLIGE ZWEIGESTALTIGKEIT Der Kleine Leuchtkäfer gehört zu den heimischen Käfern mit den größten morphologischen Unterschieden zwischen Männchen und Weibchen. Die Weibchen wirken eher larvenartig und sehen kaum wie Käfer aus. Zum einen liegt das an der Reduktion der Flügel zu kleinen Rudimenten, zum anderen an ihrer weichen Oberfläche. Bei uns ist diese Art der einzige Leuchtkäfer, dessen Männchen fliegen und zugleich leuchten können. Sie schwärmen in der Dämmerung. Die am Boden sitzenden Weibchen fangen meist an zu leuchten, wenn sie ein Männchen wahrgenommen haben.

Durch den teilweise transparenten Halsschild kann das Männchen leuchtende Weibchen aus fast jeder Richtung wahrnehmen.

LEBEN FÜR DIE FORTPFLANZUNG Die Larven ernähren sich von Nackt- und Gehäuseschnecken und sind im Spätsommer in der Bodenstreu zu finden. Die Mundwerkzeuge der Imagines sind reduziert und werden nicht mehr zur Nahrungsaufnahme verwendet. Ihr Leben beschränkt sich auf die Fortpflanzung.

GLÜHWÜRMCHEN Leuchtkäfer werden bei uns im Sprachgebrauch meist als „Glühwürmchen" bezeichnet. Sie tragen außerdem noch einen weiteren Trivialnamen: Da die Tiere schon historisch oft um den Johannistag, den 24. Juni, beobachtet werden konnten, wurden sie häufig auch Johanniskäfer oder -würmchen genannt.

LARVENARTIGE WEIBCHEN
Durch ihren weichen, hellen Körper haben die Weibchen die Möglichkeit, Licht in alle Richtungen abzustrahlen. So können sie von vorbeifliegenden Männchen auch dann entdeckt werden, wenn sie auf dem Boden sitzen.
Kopf vom Halsschild überdeckt
Flügeldecken stark reduziert
Körper cremefarben und durchscheinend
alle Hinterleibssegmente sichtbar
Weibchen

Australischer Teppichkäfer

Anthrenocerus australis, Speckkäfer

Im Freiland habe ich diesen Käfer in Taubennestern in Großstädten gefunden.

GRÖSSE: 2,5 – 3,5 mm
BEOBACHTUNGSZEIT: Januar – Dezember
ERNÄHRUNGSWEISE: Larven trockene tierische Stoffe, Käfer bei uns vermutlich nichts mehr
LEBENSRAUM: Im Siedlungsraum in Wohnungen und Häusern, vereinzelt in Vogelnestern

KÄFER AUS DOWN UNDER Der Australische Teppichkäfer gehört zu einer ganzen Reihe von Speckkäfern, die in Wohnungen auftreten können. Weil diese Art Wolle oder getrocknete tote Tiere in Museen schädigen kann, versucht man dort alles, diese Käfer fernzuhalten. In ihrer ursprünglichen Heimat Australien besuchen die Käfer zur Nahrungsaufnahme Blüten, bei uns hat man dies bislang noch nicht beobachtet.

Gemeiner Pelzkäfer

Attagenus pellio, Speckkäfer

GRÖSSE: 3,5 – 6 mm
BEOBACHTUNGSZEIT: April – September
ERNÄHRUNGSWEISE: Larven von trockenem tierischen Material, Imagines auch von Pollen
LEBENSRAUM: In Häusern, im Freiland in halboffenen besonnten Lebensräumen mit Gehölzen

WEISSES HAARMUSTER Die weiße Behaarung der Käfer kann manchmal auch schon deutlich abgerieben sein, man sieht jedoch immer Ansätze der Haare. Ansonsten ähnelt der Gemeine Pelzkäfer dem ganz dunklen Dunklen Pelzkäfer.

VERFRESSEN

Die Larven können mit ihrer Fraßtätigkeit Schäden an tierischen Materialien wie Wollteppichen oder Pelzmänteln anrichten.

Hier zeigt sich die große Farbvariabilität: sehr dunkles Weibchen und helles Männchen.

Asiatischer Marienkäfer

Harmonia axyridis, Marienkäfer

GRÖSSE: 6 – 8 mm
BEOBACHTUNGSZEIT: Januar – Dezember
ERNÄHRUNGSWEISE: Kleine wirbellose Tiere, bevorzugt Blattläuse
LEBENSRAUM: Offenland- und Waldlebensräume, vor allem im Siedlungsraum sehr häufig

VOM SCHÄDLINGSBEKÄMPFER ZUM PROBLEM Da ein einzelner Käfer problemlos über 100 Blattläuse pro Tag vertilgt, wurde er zur biologischen Schädlingsbekämpfung weltweit eingesetzt. Von den Einsatzpunkten aus verhielt er sich jedoch invasiv und breitete sich in der Natur aus. Seit 2002 ist die Art in Deutschland nachgewiesen worden und hat innerhalb weniger Jahre den größten Teil des Landes besiedelt.
DRINGT IN GEBÄUDE VOR Die Art überwintert als Imago an witterungsgeschützten Stellen. Im Freiland sind dies z. B. lose Borkenschuppen an Bäumen oder Felsstrukturen. Im Siedlungsraum fällt die Art besonders dadurch auf, dass sie zum Überwintern in Gebäude eindringt. Dort ist es oft zu trocken, sodass die Käfer nach ein paar Monaten tot auf den Fensterbänken liegen.
PILZBEFALL Auf vielen Asiatischen Marienkäfern kann man auf den Flügeldecken kleine gelbliche, stäbchenförmige Anhaftungen erkennen. Es handelt sich dabei um einen Pilzbefall durch die Art *Hesperomyces virescens*. Dieser Pilz wurde in Europa erstmals 2006 in Belgien nachgewiesen und hat sich mittlerweile fast flächendeckend verbreitet. Übertragen wird er auf andere Käfer vor allem während der Paarung.

Die Larven des Asiatischen Marienkäfers betreiben häufig Kannibalismus, wenn das Nahrungsangebot vor Ort zu gering ist. Bei anderen Marienkäferarten wurde das nicht beobachtet.

Siebenpunkt-Marienkäfer

Coccinella septempunctata, Marienkäfer

GRÖSSE: 5 – 8 mm
BEOBACHTUNGSZEIT: Januar – Dezember
ERNÄHRUNGSWEISE: Räuberisch, lebt von Blattläusen und anderen kleinen Wirbellosen
LEBENSRAUM: In den verschiedensten Offenland- und Waldlebensräumen

Die Larve durchläuft vier Stadien, bis sie sich verpuppt. Währenddessen vertilgt sie bis zu 400 Blattläuse.

GLÜCKSBRINGER, DEN JEDER KENNT

Früher war er vielerorts die häufigste Marienkäferart im Siedlungsraum. Heute hat der Asiatische Marienkäfer ihm den Spitzenplatz bei den Naturbeobachtungen abgenommen und ist deutlich häufiger anzutreffen. Auf Beunruhigung reagiert der Siebenpunkt-Marienkäfer mit einem sogenannten Reflexbluten, bei dem er durch Drüsen seine Körperflüssigkeit (Hämolymphe) abgibt. Sie ist leicht giftig und schmeckt bitter. Bei uns gilt er als Glückssymbol, man findet ihn auf Grußkarten oder in Schokoladenform um die Osterzeit.

Violetter Ölkäfer

Meloe violaceus, Ölkäfer

GRÖSSE: 10 – 32 mm
BEOBACHTUNGSZEIT: März – Juni
ERNÄHRUNGSWEISE: Larven leben von Wildbienennachwuchs, Imagines von verschiedenen krautigen Pflanzen
LEBENSRAUM: Lichte Wälder, Waldränder oder Gebüschsäume mit offenen Bodenstellen

Von ähnlichen Ölkäferarten unterscheidet er sich durch eine intensive Färbung und feine Punkte auf Kopf und Halsschild.

BLINDE PASSAGIERE Um sich zu entwickeln, halten sich die Larven des Violetten Ölkäfers an bodennistenden Wildbienen fest und lassen sich in deren Neströhren tragen.
SORGT FÜR FAKE NEWS In den vergangenen Jahren sind Ölkäfer immer wieder als gefährliche und giftige Tiere in der Presse aufgetaucht. Sie enthalten zwar ein Gift (Cantharidin), aber es sind bislang keine dokumentierten Fälle von Vergiftungen durch den Violetten Ölkäfer bekannt geworden. Es handelt sich daher um Fake News.

Insekten auf Blüten beobachten

ZAHLEN UND FAKTEN

Blüten sind sicherlich der bekannteste Ort, um Insekten zu beobachten. Sie nehmen dort Nektar oder Pollen zu sich, fressen Teile der Blüte selbst oder haben sich auf die Jagd von blütenbesuchenden Insekten spezialisiert. Dabei spielen Blüten nur für etwa 10 % der heimischen Arten eine direkte Rolle, 90 % interessieren sich im Rahmen ihrer Lebensweise nicht dafür. Dennoch hat sich das Bild der blühenden Flächen, die für Insekten besonders spannend sind, eingeprägt. Sie sind es sicherlich auch – allerdings eben nur für den kleinsten Teil der heimischen Insektenwelt.

Blühende Wiesen sind für viele der Inbegriff eines Insektenparadieses. Kleines Bild: Käfer, hier ein Kleiner Halsbock *(Pseudovadonia livida)*, gehören weltweit zu den wichtigsten Bestäubern.

Huflattich

MEHR ALS BIENEN UND SCHWEBFLIEGEN

Bei Insekten und Blüten denken wir zunächst sicherlich an Bestäuber und vor allem an Bienen und Schwebfliegen. Der überwiegende Teil der heimischen Bestäuber zählt jedoch nicht zu diesen Gruppen. Es sind vor allem Fliegen und Mücken, Käfer und Schlupfwespen, die den größten Teil der Artenvielfalt ausmachen. Insekten leben aber auch in vielfältiger Interaktion mit Blüten zusammen, so fressen einige Larven etwa das Innere der Blüte bzw. den Blütenboden. Vertrocknete Blütenköpfe sind oft ein wichtiger Entwicklungs- und Überwinterungsort.

BELIEBTE INSEKTENPFLANZEN

Diese heimischen Arten kannst du im eigenen Garten oder auf dem Balkon anpflanzen – hier finden Insekten Nahrung von März bis Oktober.

Frühjahr:

- **Huflattich** *(Tussilago farfara)*
- **Hohler Lärchensporn** *(Corydalis cava)*
- **Frühlings-Knotenblume** *(Leucojum vernum)*

Hohler Lärchensporn

Frühjahr-Sommer:

- **Gewöhnliche Schafgarbe** *(Achillea millefolium)*
- **Wilde Möhre** *(Daucus carota)*
- **Gewöhnlicher Natternkopf** *(Echium vulgare)*

Wilde Möhre

Herbst:

- **Gemeiner Efeu** *(Hedera helix)*
- **Hohe Fetthenne** *(Sedum telephium)*
- **Rundblättrige Glockenblume** *(Campanula rotundifolia)*

Fetthenne

Grüner Scheinbockkäfer

Oedemera nobilis, Scheinbockkäfer

GRÖSSE: 8 – 15 mm
BEOBACHTUNGSZEIT: April – Juli
ERNÄHRUNGSWEISE: Larven in Pflanzenstängeln, Imagines von Pollen und Nektar
LEBENSRAUM: Offenlandlebensräume wie Wiesen, Weiden, Parkanlagen, Gärten

ENTWICKLUNGSWEISE Die Larven entwickeln sich innerhalb der Stängel von krautigen Pflanzen. Zur Verpuppung verlassen die Larven die Pflanzen und legen eine Puppenwiege im Boden an. Die Käfer schlüpfen im Herbst und überdauern bis in das folgende Jahr. Die Art ist ein gutes Beispiel dafür, dass viele Arten hinsichtlich ihrer Entwicklung unter einer Mahd leiden können. Werden die Stängel der Pflanzen im Sommer entfernt, schafft es die darin befindliche Generation nicht, sich zu entwickeln.
SEXUALDIMORPHISMUS Bei den Männchen sind die Hinterschenkel auffällig kugelig verdickt. Einige Arten der Scheinbockkäfer weisen dieses Merkmal auf, weshalb sie zum Teil auch „Schenkelkäfer" genannt werden. Es gibt jedoch auch heimische Arten der Gattung *Oedemera*, bei denen die Männchen schmale Hinterbeine aufweisen.

Wichtige Merkmale: Oberfläche metallisch glänzend grün, Fühler etwa so lang wie der Körper, Hinterschenkel der Männchen stark kugelartig verdickt, bei den Weibchen (großes Bild) normal ausgeprägt.

SEXUALDIMORPHISMUS

Dieser Fachbegriff bedeutet, dass bei einer Art Männchen und Weibchen auffallend unterschiedlich aussehen.

BOCKKÄFERÄHNLICHE BLÜTENBESUCHER

Durch ihre schlanke Gestalt und die langen Fühler erinnern Scheinbockkäfer entfernt an Bockkäfer, was ihnen ihren Namen einbrachte. Die Käfer besuchen Blüten, um Pollen und Nektar zu sich zu nehmen. Vor allem auf weißen Doldenblütlern kann man sie gut beobachten.

Rauer Erdkäfer

Trox scaber, Knochenkäfer

GRÖSSE: 5 – 7 mm
BEOBACHTUNGSZEIT: Mai – August
ERNÄHRUNGSWEISE: Trockene tierische Stoffe
LEBENSRAUM: Lichte Wälder, gehölzreiche Offenlandlebensräume, Parkanlagen, Siedlungen

LEBT IN VOGELNESTERN Die Art entwickelt sich in enger Bindung an tierische Stoffe, meist in Vogelnestern. Die Käfer sind in der Lage, Kreatin zu verdauen und Nährstoffe daraus aufzuschließen, sodass sie trockene Haut, Fell oder Federn fressen können. Sie tauchen gelegentlich in Wohnungen auf, weil sie nachts von künstlichem Licht angelockt werden.

FACHBEGRIFF

Insekten, die in Tiernestern leben, nennt man nidikol.

Feldmaikäfer

Melolontha melolontha, Blatthornkäfer

GRÖSSE: 20 – 32 mm
BEOBACHTUNGSZEIT: April – Juni
ERNÄHRUNGSWEISE: Larven von Pflanzenwurzeln, Imagines von Laubbaumblättern
LEBENSRAUM: In verschiedensten Offenlandlebensräumen, auch in lichteren Waldbeständen

Mit den auffallenden, langen Fühlerkeulen kann das Männchen besonders gut die Sexualpheromone der Weibchen auch über größere Distanzen wahrnehmen.

ES GIBT DREI Die Käfer lassen sich vor allem schwärmend am Abend beobachten. Engerlinge entwickeln sich im Boden, vom Ei bis zur Imago vergehen drei bis vier Jahre. Bei uns gibt es drei heimische Arten, beim Bestimmen also genau hinschauen. Der Waldmaikäfer *(M. hippocastani)* lebt bevorzugt in Wäldern mit sandigen Böden. Bei ihm sind Kopf und Halsschild meist braun, die Hinterleibsspitze ist leicht knotig erweitert. Schwieriger ist die Unterscheidung des sehr seltenen Kaukasischen Maikäfers *(M. pectoralis)*, er kommt aber nur im Südwesten Deutschlands vor.

VERBORGENE LEBENSWEISE

Die Weibchen des Stierkäfers verbringen die meiste Zeit ihres Lebens unter der Erde in Gängen. Gelegentlich kann man sie jedoch auch an der Oberfläche an Kot antreffen. Sie haben keine auffälligen „Hörner".

Stierkäfer

Typhaeus typhoeus, Mistkäfer

GRÖSSE: 15–24 mm
BEOBACHTUNGSZEIT: Januar – Dezember
ERNÄHRUNGSWEISE: Larven und Imagines vom Kot pflanzenfressender Tiere
LEBENSRAUM: Offenland- und Waldlebensräume mit sandigen oder lockeren Böden, vor allem lichte Kiefernwälder, Heiden und Binnensanddünen

GRABEN GANZ SCHÖN TIEF Die Käfer fressen Kot von pflanzenfressenden Tieren und tragen diesen für ihre Larven in selbst angelegte Erdgänge ein. Besonders bemerkenswert ist die Tiefe, die diese Gänge erreichen können. Meist sind sie zwar nicht tiefer als einen Meter, die Käfer schaffen aber bis zu eineinhalb Meter und bauen damit die tiefsten unterirdischen Gänge unter den heimischen Mistkäfern. Das Vorkommen der Käfer ist oft schon an den typischen Erdauswürfen in der Nähe des Kots erkennbar. Ein fast kreisrundes Loch führt in die Brutkammer, um dieses Loch herum wurde Erde ausgeworfen.
HALTEN KÄLTE AUS Stierkäfer sind auch im Winter aktiv und können an wärmeren Tagen in der Nähe von Tierkot beobachtet werden. Männchen sieht man dabei deutlich häufiger als Weibchen.

Man erkennt den Stierkäfer innerhalb der heimischen Mistkäfer auch an seiner tiefschwarzen Farbe und dem deutlichen Glanz.

GEHÖRNT

Das Männchen des Stierkäfers trägt auffällige, nach vorn gerichtete „Hörner" auf dem Halsschild, die auch Inspiration für den deutschen Namen waren. Je größer das Männchen, desto ausgeprägter die Hörner.

Hirschkäfer

Lucanus cervus, Schröter

GRÖSSE: 30 – 80 mm
BEOBACHTUNGSZEIT: Mai – August
ERNÄHRUNGSWEISE: Larven morsches Wurzelholz, Imagines selten gärende Säfte und Früchte
LEBENSRAUM: Lichte Laubwälder

AUF DIE AKTIVITÄTSZEIT ACHTEN Hirschkäfer zu beobachten ist trotz ihrer Größe gar nicht so leicht. Sie sind nur wenige Wochen im Jahr unterwegs und vor allem dämmerungsaktiv. So trifft man bei kleineren Vorkommen nur selten mal ein Individuum tagsüber durch Zufall an.
HÖRBARE KÄMPFE Männliche Hirschkäfer kämpfen um die Weibchen. Dabei versuchen die Tiere sich mit ihren kräftigen Mandibeln auszuhebeln und vom Baum zu werfen. Die Kiefer sind so kräftig, dass man das Knacken des Chitinpanzers oft meterweit hören kann. Die Körpergröße der Männchen schwankt sehr stark, gerade was das „Geweih" angeht. Interessanterweise haben kleine Männchen oft einen Paarungserfolg, weil sie von größeren nicht als Konkurrenz wahrgenommen und bei den Kämpfen ignoriert werden.

Weibchen haben viel unauffälliger ausgeprägte Kiefer. Sie leben im Schnitt wenige Wochen länger als die Männchen.

ENTWICKLUNG
Die Entwicklung von Hirschkäfern dauert sehr lange. Als Larve verbringen sie drei bis sieben Jahre unter der Erde. Die fertig entwickelten Käfer bleiben noch einen Winter in der Puppenkammer unter der Erde, bevor sie im nächsten Jahr aktiv werden und an die Oberfläche kommen.

SICHTBARE SPUREN

Häufig tragen die Männchen Verletzungen von ihren Kämpfen davon und man sieht die Spuren, an denen die Spitzen der kräftigen Kiefer in den Chitinpanzer eingedrungen sind.

Trauerrosenkäfer

Oxythyrea funesta, Blatthornkäfer

GRÖSSE: 8 – 12 mm
BEOBACHTUNGSZEIT: Mai – Juli
ERNÄHRUNGSWEISE: Larven von Pflanzenwurzeln, Imagines von Pollen
LEBENSRAUM: In verschiedenen Offenlandbiotopen

WIRD WIEDER HÄUFIGER Die Käfer lassen sich auf Blüten beobachten, vor allem auf weißen Dolden oder Disteln. Frisch geschlüpfte Käfer erkennt man daran, dass sie noch Erde an sich haften haben. In der Vergangenheit war die Art bei uns nur in sehr warmen Regionen auf Kalkböden zu finden und war lokal sogar stark gefährdet. Mittlerweile hat sich die Art rasant ausgebreitet und kommt wieder in ganz Deutschland vor. Sichtungen stammen insbesondere auch aus dem Siedlungsbereich.

Die Ausbreitung des Trauerrosenkäfers ist vermutlich der Klimaerwärmung zuzuschreiben. (!)

Glattschieniger Pinselkäfer

Trichius gallicus, Blatthornkäfer

GRÖSSE: 10 – 12 mm
BEOBACHTUNGSZEIT: Mai – September
ERNÄHRUNGSWEISE: Larven von morschem Totholz, Imagines von Pollen und Staubblätter
LEBENSRAUM: Offene und halboffene Lebensräume mit Gehölzen, Streuobstwiesen, Brachen, Ruderalflächen, Parkanlagen, Gärten

SITZT GERN AUF BLÜTEN Die Entwicklung dauert zwei Jahre. Die Larven entwickeln sich dabei in morschem Totholz von Laubgehölzen. Bei uns verhält sich die Art als Kulturfolger und wird vor allem im Siedlungsraum nachgewiesen. Die Käfer können vor allem im Juni und Juli auf Blüten, etwa von weißen Doldenblütlern oder violetten Korbblütlern, beobachtet werden. Im Süden Deutschlands gibt es noch die seltene Verwechslungsart *Trichius sexualis*, die nur über die ausgedehnt weiß beschuppten Bauchsegmente abgegrenzt werden kann. Beim Gebänderten Pinselkäfer *(Trichius fasciatus)* sind die Schienen der Mittelbeine mit einem deutlichen Zähnchen besetzt.

Schwarzfleckiger Zangenbock

Rhagium mordax, Bockkäfer

GRÖSSE: 12 – 22 mm
BEOBACHTUNGSZEIT: Mai – August
ERNÄHRUNGSWEISE: Larven von Laubholz, Imagines von Baumsäften
LEBENSRAUM: In Wäldern mit Laubgehölzen

Hier sieht man die kräftigen Kiefer, die zum Namen Zangenbock führten, ganz deutlich.

MAG GERN LAUBHOLZ Der Schwarzfleckige Zangenbock lässt sich besonders gut an Holzpoltern mit Eichen- oder Birkenstämmen an Waldwegen beobachten.
Die Entwicklung vom Ei zum Käfer dauert zwei bis drei Jahre. Die adulten Käfer schlüpfen zwar schon im Herbst, überwintern jedoch noch einen Winter in ihrer Puppenkammer. In der Literatur finden sich alte Angaben dazu, dass die Tiere gelegentlich auf Blüten beobachtet werden. Das lässt sich jedoch nicht bestätigen.

Schrotbock

Rhagium inquisitor, Bockkäfer

Um den Schrotbock zu beobachten, vorsichtig anpirschen!

GRÖSSE: 10 – 20 mm
BEOBACHTUNGSZEIT: April – August
ERNÄHRUNGSWEISE: Larve von Nadelholz, Imagines von Baumharz
LEBENSRAUM: Überall, wo Nadelgehölze wachsen oder deren Stammholz gelagert wird

MAG GERN NADELHOLZ Der Schrotbock gehört zu den besonders häufigen Bockkäfern an Nadelholz und lässt sich fast mit Ansage finden, wenn man Holzpolter mit Fichten- oder Kiefernstämmen an Waldwegen absucht. Die Käfer sitzen dabei gern an den geschnittenen Stammenden und nehmen einen bei Näherung schnell wahr. Ihre Entwicklung findet unter der Borke von Nadelholz statt. Das hilft auch bei der Unterscheidung von Schrot- und Zangenbock: Neben der Grundfärbung gibt auch das Holz, auf dem die Arten sitzen, einen Hinweis. Der Schrotbock ist die Art an Nadelholz, der Schwarzfleckige Zangenbock die Art an Laubholz. Mit dem Eichen-Zangenbock und dem Gelbbindigen Zangenbock gibt es noch zwei weitere, aber deutlich seltenere Arten der Gattung bei uns.

Kleiner Halsbock

Pseudovadonia livida, Bockkäfer

GRÖSSE: 2,5 – 3,5 mm
BEOBACHTUNGSZEIT: Mai – September
ERNÄHRUNGSWEISE: Larven in Humusschicht, die mit Pilzmyzel des Nelken-Schwindlings durchzogen ist, Käfer fressen Pollen und Nektar
LEBENSRAUM: In verschiedensten Offenland- und Waldlebensräumen, auch in Parks oder Gärten

SONDERFALL

Für Bockkäfer ist diese Lebensweise sehr untypisch – die meisten Arten entwickeln sich in Holz oder krautigen Pflanzen.

AUF DOLDENBLÜTEN Den Kleinen Halsbock kann man im Sommer auf Blüten beobachten, besonders auf weißen Doldenblütlern. Seine Larven entwickeln sich in enger Bindung an den Nelken-Schwindling (*Marasmius oreades*): Sie fressen Humus, der von den Myzelien dieses Pilzes durchzogen ist. Die Entwicklung ist zweijährig. Er gehört zu den besonders häufigen und fast überall zu entdeckenden blütenbesuchenden Bockkäfern.

Braunrötlicher Spitzdeckenbock

Stenopterus rufus, Bockkäfer

GRÖSSE: 8 – 16 mm
BEOBACHTUNGSZEIT: Mai – August
ERNÄHRUNGSWEISE: Larven von toten Ästen, Imagines von Pollen und nektargetränkten Blütenteilen
LEBENSRAUM: Warme Offenlandstandorte wie Magerrasen, Brachen, aufgelassene Sandgruben, Wegränder

Pärchen bei der Paarung

LARVEN FRESSEN TOTES HOLZ Beobachten kann man die blütenbesuchenden Käfer vor allem auf weißen Dolden, bevorzugt auf Schafgarben *(Achillea)* oder Wilder Möhre *(Daucus carota)*. Die Käfer durchlaufen eine zweijährige Entwicklung, wobei die Art tote Äste von Eiche *(Quercus)*, Walnuss *(Juglans)* und Kastanie *(Castanus)* bevorzugt. Die schmal nach hinten auslaufenden Flügeldecken brachten der Art ihren deutschen Namen „Spitzdeckenbock“ ein.

Variabler Schönbock

Phymatodes testaceus, Bockkäfer

GRÖSSE: 8 – 16 mm
BEOBACHTUNGSZEIT: Juni – Juli
ERNÄHRUNGSWEISE: Larven fressen totes Laubholz, Imagines Baumsäfte
LEBENSRAUM: In allen Offenland- und Waldlebensräumen mit Laubgehölzen, gern an Eichen

Dunkle, schwarzblaue Variante des Variablen Schönbocks. Gut zu erkennen: die deutlich gegliederten, sehr langen Fühler – typisch für fast alle Bockkäfer.

KOMMT MANCHMAL MIT FEUERHOLZ

Ein häufiger Totholzkäfer, der auch im Siedlungsraum vorkommt. Die Art wird vor allem am Abend und in der Nacht aktiv und kann gut beobachtet werden, wenn man Bäume mit einer Taschenlampe absucht. Gelegentlich tritt sie im Winterhalbjahr in Häusern oder Wohnungen auf, weil sie mit Brennholz, in dem sie sich entwickelt hat, eingebracht wurde.

Echter Widderbock

Clytus arietis, Bockkäfer

GRÖSSE: 7 – 14 mm
BEOBACHTUNGSZEIT: Mai – Juli
ERNÄHRUNGSWEISE: Als Larve von totem Laubholz, Imagines von Pollen und Nektar
LEBENSRAUM: In verschiedensten Offenland- und Waldlebensräumen

Im Vergleich zu anderen Bockkäfern hat der Echte Widderbock recht kurze Fühler – also eher wie bei einem Widder, daher sein deutscher Name.

BOCK MIT KÜRZEN FÜHLERN Echte Widderböcke lassen sich besonders gut auf weißen Doldenblütlern, aber auch an frisch gesägten Holzstämmen beobachten. Die Entwicklung vom Ei bis zum fertigen Käfer benötigt insgesamt zwei Jahre. Der Widderbock ist überall häufig und einfach zu erkennen. In einigen südlichen Regionen Deutschlands kommt der sehr ähnliche, etwas filigranere Schmalfühlerige Widderbock *(C. lama)* vor, der sich gerade möglicherweise langsam ausbreitet.

Kartoffelkäfer

Leptinotarsa decemlineata, Blattkäfer

GRÖSSE: 7 – 15 mm
BEOBACHTUNGSZEIT: Mai – September
ERNÄHRUNGSWEISE: Kartoffelpflanzen und andere Nachtschattengewächse
LEBENSRAUM: Äcker, Feldränder und Gärten

Mit ihren breiten, unterseits behaarten Fußgliedern können Blattkäfer wie der Kartoffelkäfer auf Pflanzen hervorragend klettern, ohne den Halt zu verlieren.

GUTE FLIEGER Eine ursprünglich zentralmexikanische Art, die heute weltweit verbreitet ist. In Deutschland wurde die Art erstmals 1877 in Nordrhein-Westfalen und Sachsen entdeckt. Die Käfer fressen vor allem in Gärten, die nicht mit Pflanzenschutzmitteln behandelt werden. Da die Tiere weit fliegen, findet man regelmäßig Individuen an den Stränden der Nordsee: Sie landen von umliegenden Äckern auf dem Meer und werden mit den Wellen wieder an den Strand gespült.

Prächtiger Blattkäfer

Chrysolina fastuosa, Blattkäfer

GRÖSSE: 5 – 6 mm
BEOBACHTUNGSZEIT: April – September
ERNÄHRUNGSWEISE: Larven und Imagines von Blättern von Lippenblütlern
LEBENSRAUM: Waldsäume, entlang von Waldwegen, Wiesen und Brachen

Bei der Paarung sitzt das Männchen auf dem Rücken des Weibchens und wird von diesem umhergetragen.

LIEBT LIPPENBLÜTLER Die Käfer sind flugfähig, fliegen jedoch nur selten. Meist sitzen sie fressend an Hohlzahn *(Galeopsis)* und Taubnesseln *(Lamium)*. Die Eier werden im Sommer an den Pflanzensamen abgelegt. Die jungen Larven fressen zunächst die eiweißreichen Samen und Blütenkelche, später auch die Blätter. Im September verpuppen sich die Larven im Boden.

Dynamische Lebensräume

DIE AUEN rund um Bäche und Flüsse gehören für die dort lebenden Arten zu den enorm herausfordernden Lebensräumen mit einer hohen Dynamik. Auch wir merken regelmäßig – spätestens bei Extremereignissen – was es bedeutet, mit Hochwassern konfrontiert zu sein. Und so sind steigende Wasserpegel auch für Insekten eine große Herausforderung, insbesondere im Winter, wenn die Temperaturen so niedrig sind, dass die Tiere nur eingeschränkt aktiv sind.

Mit jedem ansteigenden Zentimeter des Wasserstands werden mehr und mehr Tiere aus ihren Verstecken gespült und müssen sich irgendwo festhalten. Treibgut bei Hochwasser lässt sich so lange sehr gut nach Insekten untersuchen, wie das Wasser noch ansteigt. Sinkt der Pegelstand wieder, verteilen sich die Tiere in alle Richtungen.

Hunderte Käfer, darunter dutzende Sechzehnpunkt-Marienkäfer *(Tytthaspis sedecimpunctata)*, halten sich an einem kleinen Stück Styropor im Treibgut fest.

Übrigens: Hochwasser führt auch dazu, dass sich Arten verbreiten – oft werden die Insekten auf den rettenden Teilen, an denen sie sich festhalten, flussabwärts transportiert. Nicht selten sind es hunderte von Kilometern.

Rosmarin-Blattkäfer

Chrysolina americana, Blattkäfer

GRÖSSE: 5 – 8 mm
BEOBACHTUNGSZEIT: April – September
ERNÄHRUNGSWEISE: Larven und Käfer fressen Rosmarin und Lavendel, seltener auch Salbei oder Thymian
LEBENSRAUM: Gärten und Vorgärten, botanische Gärten, Gartencenter und Baumärkte

Die Käfer sitzen oft regungslos in den Pflanzen und sind, trotz der auffälligen Färbung, nur schwer zu entdecken.

EINWANDERER Der Rosmarin-Blattkäfer stammt ursprünglich aus dem Mittelmeerraum und wurde vermutlich mit Rosmarin und Lavendel über Gartencenter nach Deutschland eingeschleppt. Mittlerweile konnte er sich ausbreiten und lebt als Kulturfolger des Menschen im Siedlungsraum. Etwa seit dem Jahr 2017 breitet er sich rasant aus. Die Käfer finden sich vor allem in größeren und mehrjährigen Beständen der Fraßpflanzen.

Distelschildkäfer

Cassida rubiginosa, Blattkäfer

Gut versteckt: Fühler und Füße sind unter dem Körper verborgen.

GRÖSSE: 6 – 7,5 mm
BEOBACHTUNGSZEIT: April – Oktober
ERNÄHRUNGSWEISE: Disteln und Kletten
LEBENSRAUM: In verschiedensten Offenlandlebensräumen wie Wiesen, Feldränder, Auen und Brachen

SCHILDKRÖTENKÄFER Mit seiner intensiv grünen Färbung ist der Distelschildkäfer auf seinen Fraßpflanzen perfekt getarnt. Sowohl die erwachsenen Käfer als auch die Larven schaben die Oberfläche von Blättern mit ihren kräftigen Mandibeln (Mundwerkzeugen) ab. Im Englischen heißen die Käfer „tortoise beetles", also „Schildkrötenkäfer". Das geht auf ihre Eigenschaft zurück, dass sie ihre Fühler und Beine unter ihrem Körper zusammenziehen können. Sichtbar bleibt so für potenzielle Feinde nur die schwierig zu fassende Oberseite. Die genaue Bestimmung von vielen Schildkäfern ist sehr schwierig und braucht Erfahrung. Verwandte Arten können beispielsweise auf Wasserminze oder Schafgarben gefunden werden.

Tatzenkäfer

Timarcha tenebricosa, Blattkäfer

GRÖSSE: 15 – 20 mm
BEOBACHTUNGSZEIT: März – Oktober
ERNÄHRUNGSWEISE: Larven und Imagines von Pflanzenteilen von Labkräutern *(Galium)*
LEBENSRAUM: Trockenrasen, Waldsäume, Lichtungen, Flussauen

LEBT AUF GROSSEM FUSS Dieser Käfer ist die größte mitteleuropäische Blattkäferart. Seinen deutschen Namen hat der Tatzenkäfer durch die sehr breiten Fußglieder, die vor allem beim Männchen besonders deutlich ausgeprägt sind und auf der Unterseite ein Haarpolster aufweisen. Mit dem Bläulichvioletten Tatzenkäfer *(Timarcha goettingensis)* lebt nur eine Verwechslungsart bei uns, die mit 8 – 11 mm Körperlänge allerdings wesentlich kleiner ist.
LEBENSWEISE Die Art überwintert sowohl als Ei als auch als Imago im Boden. Die Aktivität der Käfer beginnt dann sehr zeitig im kommenden Frühjahr. An ausgesprochen milden Tagen im Winter sind gelegentlich auch schon einzelne Käfer zu beobachten, die ihre Winterruhe kurzfristig beendet haben. Als großer und flugunfähiger Käfer setzt er zur Abwehr auf einen besonders harten Panzer und das Reflexbluten.
BEOBACHTUNGSTIPPS Beobachten lassen sich Tatzenkäfer sowohl tags als auch nachts, meist läuft einem zufällig ein Exemplar über den Weg. In den passenden Lebensräumen kann man sie jedoch auch gut seitlich der Wege an Labkräutern *(Galium)* fressend entdecken. Im späten Frühjahr und Sommer findet man auch die Larven des Tatzenkäfers in den Pflanzen. Sie sind ebenfalls sehr groß, aber schlecht zu Fuß.

Wichtige Merkmale: kräftige Fühler aus rundlichen Gliedern, drei sehr breite Fußglieder, kugeliges Erscheinungsbild, das entfernt an Mistkäfer erinnert.

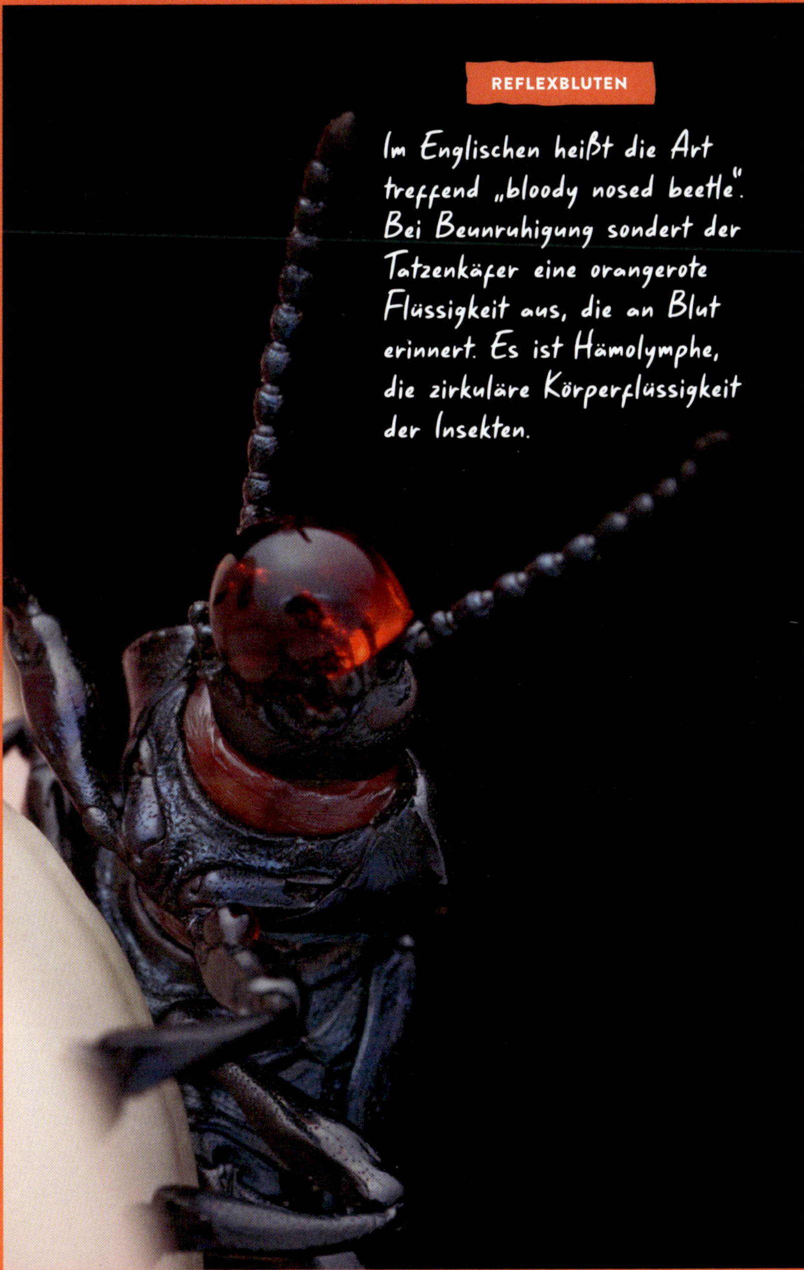

REFLEXBLUTEN

Im Englischen heißt die Art treffend „bloody nosed beetle". Bei Beunruhigung sondert der Tatzenkäfer eine orangerote Flüssigkeit aus, die an Blut erinnert. Es ist Hämolymphe, die zirkuläre Körperflüssigkeit der Insekten.

Schwarzer Stachelkäfer

Hispa atra, Blattkäfer

GRÖSSE: 3 – 4 mm
BEOBACHTUNGSZEIT: März – Oktober
ERNÄHRUNGSWEISE: Vor allem Rispengräser
LEBENSRAUM: Trockene Lebensräume mit Gräsern, die nicht oder nur selten gemäht werden

ZIEMLICH STACHELIG Der Schwarze Stachelkäfer wird auch Igelkäfer genannt, was auf die auffälligen schwarzen Stacheln zurückzuführen ist. In Mitteleuropa ist die Art unverwechselbar. Die Larven leben im Inneren der schmalen Blätter von Gräsern in sogenannten Blattminen. Sie sind also während des Fressens durch das umliegende Gewebe des Blattes vor Fressfeinden geschützt.

GEH IN DIE KNIE

Um die kleinen Käfer zu entdecken, musst du Blätter und Stängel der Gräser mit Geduld absuchen.

Kratzdistelrüssler

Larinus turbinatus, Rüsselkäfer

GRÖSSE: 5 – 9 mm
BEOBACHTUNGSZEIT: Mai – September
ERNÄHRUNGSWEISE: Larven von Blütengewebe, Imagines von Pollen und Pflanzengewebe
LEBENSRAUM: Trockenwarme Lebensräume, Magerrasen, Ackerränder, Brachen, Ruderalflächen, Gärten

Beim Fressen schauen oft nur Rücken und Hinterleib aus den Disteln. Die gelblichen Haarflecken, an denen Blütenstaub anhaftet, sind charakteristisch für viele Rüsselkäfer der Unterfamilie Lixinae.

EINE LARVE PRO BLÜTE Weibchen legen jeweils ein Ei im Blütenkopf einer Distel ab. Da verschiedene Käfer dieselbe Blüte besuchen, entwickeln sich pro Blütenkopf zunächst mehrere Larven. Vermutlich sind diese jedoch in Konkurrenz kannibalisch, denn es bleibt in der Regel nur eine ausgewachsene Larve übrig. Auch die Verpuppung erfolgt im später vertrockneten Blütenkopf. Die Art kann auf vielen Disteln beobachtet werden, bevorzugt aber die Acker-Kratzdistel *(Cirsium arvensee)*.

TYPISCH FÜR DIE STADTNATUR

Der Käfer entwickelt sich auf der Stockrose (*Alcea rosea*), man findet ihn daher überall im Siedlungsraum. Selbst auf verdichteten Flächen inmitten von Großstädten sitzt er oft in größerer Zahl auf den Knospen der Pflanzen.

Langrüssliges Stockrosenspitzmäuschen

Rhopalapion longirostre, Langkäfer

GRÖSSE: 2 – 4 mm
BEOBACHTUNGSZEIT: April – Oktober
ERNÄHRUNGSWEISE: Pflanzenteile von Stockrose *(Alcea rosea)*
LEBENSRAUM: Vor allem im Siedlungsraum, überall wo Stockrose wächst

ZIEMLICH LANGER RÜSSEL Die Art weist einen deutlichen Sexualdimorphismus auf: Bei den Weibchen ist der Rüssel fast körperlang und damit bedeutend länger als der des Männchens (im kleinen Bild gut zu erkennen). Mit ihrem langen Rüssel fressen die Weibchen einen tiefen Kanal in die Blütenknospen der Stockrose, in den anschließend die Eier abgelegt werden. Je nach Larvenstadium werden verschiedene innere Teile der heranwachsenden Blüte gefressen. Die Verpuppung findet im Samen statt. Erst die geschlüpften Käfer, deren Entwicklung etwa 1 – 1,5 Monate benötigt, verlassen die Knospe.

SEIT 1990 IMMER HÄUFIGER Bei der Art ist unklar, ob es sich um einen neobiotischen Käfer handelt, der durch den Menschen mit Pflanzen importiert wurde, oder ob sich der Käfer als Arealerweiterer von Südosteuropa aus ausgebreitet hat. Die Besiedlung fand auf jeden Fall in den 1990er Jahren rasant statt. Heute ist es schwierig, Stockrosen ohne den Käfer zu finden. In Nordamerika tritt er als neobiotische Art auf.

ÄHNLICHE ART Mit dem Kräftigen Stockrosen-Spitzmausrüssler *(Aspidapion validum)* kommt noch eine weitere Art an Stockrose vor, die jedoch metallisch ist und deren Weibchen nicht so einen auffällig langen Rüssel besitzen.

Wichtige Merkmale: Oberfläche dicht und weiß behaart, Beine orangegelb, Fußglieder schwarz

Gräserblattwespe

Selandria serva, Echte Blattwespen

An den Seiten der ansonsten transparenten Flügel ist bei der Gräserblattwespe jeweils auch ein dunkles Mal erkennbar.

GRÖSSE: 6 – 8 mm
BEOBACHTUNGSZEIT: Juli – Oktober
ERNÄHRUNGSWEISE: Larven vom Gewebe verschiedener Gräser, Imagines von Pollen und Nektar
LEBENSRAUM: Feuchte Offenlandlebensräume mit Gräsern, Wiesen, Waldränder, Ackerränder, Waldsäume, oft in der Nähe von Gewässern

GALT FRÜHER ALS SCHÄDLING Die Wespen fallen durch ihre auffällige Färbung an den Gräsern auf und können auch auf Blüten beobachtet werden. Ihre Larven erinnern etwas an Schmetterlingsraupen. Die Verpuppung findet im Boden statt. Vor allem historisch galten sie als Getreideschädling, da auch Getreideäcker besiedelt wurden – durch den Einsatz von Pflanzenschutzmitteln findet jedoch heute keine nennenswerte Besiedlung dieser Nutzpflanzen mehr statt. Recht ähnlich, aber mit 8 – 14 mm deutlich größer, ist die verwandte Art *Selandria melanosterna*.

Schwebfliegen-Schlupfwespe

Diplazon laetatorius, Schlupfwespen

GRÖSSE: 4–7 mm
BEOBACHTUNGSZEIT: Juni–September
ERNÄHRUNGSWEISE: Als Larve in Schwebfliegenlarven, Imagines nehmen Nektar auf
LEBENSRAUM: Offene Lebensräume wie Parkanlagen, Gärten, auch an Waldsäumen

DIE SCHWEBFLIEGEN-SCHLUPFWESPE beobachtet man oft in der Nähe von Blattläusen, wo sie nach den Entwicklungsstadien von Schwebfliegen sucht. Sie frisst aber auch Nektar auf weißen Doldenblütlern. Sie entwickelt sich als Parasitoid in den Eiern und Larven der Schwebfliegen. Erst wenn sich die Schwebfliegenlarve verpuppt hat, frisst die Wespenlarve ihren Wirt komplett auf und verpuppt sich selbst in der schützenden Puppenhülle der Schwebfliege.

Für die Eiablage wird der Hinterleib unter dem Körper nach vorn gestreckt. Die auffällige Beinfärbung ist aus dieser Perspektive noch besser zu erkennen.

Vierfleck-Höhlenschlupfwespe

Diphyus quadripunctorius, Schlupfwespen

GRÖSSE: 13–15 mm
BEOBACHTUNGSZEIT: Januar – Dezember
ERNÄHRUNGSWEISE: Larven von Schmetterlingsraupen, Imagines von Nektar
LEBENSRAUM: Zur Überwinterung in Höhlen und Stollen

AUFFÄLLIGER UNTERSCHIED Das Männchen unterscheidet sich bei der Art deutlich vom Weibchen, es ist schlanker und besitzt anstelle der weißen Flecken zwei breite gelbe Bänder auf dem Hinterleib. Seine Beine sind überwiegend gelb gefärbt und die Fühler weisen keine weißen Ringel auf.
NATÜRLICHE REGULATION Weibchen legen ein Ei in eine Schmetterlingsraupe. In dieser entwickelt sich die Wespenlarve das ganze Raupenleben lang in deren Gewebe. Erst nachdem sich die Raupe verpuppt, tötet die Wespenlarve ihren Wirt und frisst das Innere gänzlich auf, um sich in der schützenden Hülle der Puppe selbst zu verpuppen. Zu den Wirten zählt eine Vielzahl von Nachtfaltern, beispielsweise der Kleine Frostspanner *(Operophtera brumata)*, die Kohleule *(Mamestra brassicae)* oder der Eichenwickler *(Tortrix viridana)*.

Wichtige Merkmale Weibchen: Beine überwiegend orange gefärbt, Fühler weiß geringelt, gelblich weißes Schildchen auf dem Brustsegment.

HÖHLENBEWOHNER
Während die Wespe im Freiland ab März beobachtet werden kann, fällt sie vor allem durch ihr Überwinterungsverhalten auf (siehe rechts). Das stetige Auftreten in natürlichen und künstlichen Höhlen brachte ihr im Jahr 2017 den Titel „Höhlentier des Jahres" durch den Verband der deutschen Höhlen- und Karstforscher ein.

GRUPPENÜBERWINTERUNG

Vierfleck-Höhlenschlupfwespen finden sich oft in beträchtlicher Anzahl in Höhlen und Stollen zusammen und überdauern so bis in das Frühjahr hinein. Sie bevorzugen dafür leichte Vertiefungen, Ecken und Einbuchtungen.

Koexistenz

ETWA 13.000 HEIMISCHE INSEKTEN benötigen als Larve Teile von Pflanzen. Ihre Entwicklung ist dabei eng mit der jahreszeitlichen Entwicklung der Futter- bzw. Wirtspflanze abgestimmt. Die Artenvielfalt ist daher als Koexistenz zu verstehen und dort am höchsten, wo die meisten Pflanzen wachsen. Dabei ist die Lebens- und Ernährungsweise der Insekten und ihrer Larven so viefältig wie die Artenvielfalt selbst. Je nach Art werden die unterschiedlichsten Pflanzenarten und -teile bevorzugt, manche sind extreme Spezialisten.

Gefurchter Dickmaulrüssler

(Othiorhynchus sulcatus)

Seine Larven ernähren sich von den Wurzeln verschiedenster Pflanzenarten, die erwachsenen Käfer fressen Blätter, Knopsen und junge Triebe.

Rosengallwespe

(Diplolepis rosae)

Sie legt ihre Eier in Rosen ab. Dadurch entstehen sogenannte Gallen, in denen sich die Larven entwickeln.

Landkärtchen

(Araschnia levana)

Die Raupen ernähren sich nur von Brennnesseln. Arten, die auf eine einzige Futterpflanze angewiesen sind, nennt man monophag.

Bärenklau-Minierfliege

(Pyhtomyza spondylii)

Die Larven fressen Gänge durch das Blattgewebe ihrer Futterpflanze.

Borkenkäfer

(Ips typhgraphicus)

Die Larven leben unter der Rinde von Fichten und hinterlassen beim Fressen die typischen Fraßgänge.

Kätzchenrüssler

(Gattung *Dorytomus*)

Sie leben vor allem auf Weiden- und Pappelarten. Ihre Larven entwickeln sich in den Kätzchen der Entwicklungspflanzen, bei einigen Arten auch in jungen Trieben.

GROSSE STAATEN

In den bis zu einem Meter großen Nestern finden sich mehrere Tausend Brutzellen mit Larven. Bis zu 2000 Arbeiterinnen kümmern sich um die Fütterung, Reinigung und Bewachung des Nachwuchses.
Das Nest und die Waben bestehen aus einer kartonartigen Masse aus zerkautem und mit Speichel vermischtem Holz.

Asiatische Hornisse

Vespa velutina nigrithorax, Faltenwespen

GRÖSSE: 17 – 30 mm
BEOBACHTUNGSZEIT: April – November
ERNÄHRUNGSWEISE: Larven von Futterpaketen mit Insekten und Spinnentieren, Imagines von gärenden Baumsäften und reifem Obst
LEBENSRAUM: Lückige Wälder, gehölzreiche Offenlandlebensräume, Siedlungsbereiche mit höheren Bäumen

UNBELIEBTE NEUBÜRGERIN Urspünglich stammt diese Faltenwespe aus China und wurde durch den Menschen nach Europa verschleppt. Seit 2014 kommt sie fast flächendeckend in Deutschland vor. Die EU listet die Art als unerwünscht invasiv auf, gegen die verpflichtend Maßnahmen durchgeführt werden müssen. Welche Auswirkungen die Asiatische Hornisse auf heimische Arten hat, ist noch unbekannt.

JAGT MITTELGROSSE INSEKTEN Zum Beutespektrum gehören vor allem mittelgroße Fliegen, Wespen und Bienen sowie Spinnen, im Siedlungsraum auch Honigbienen. Sie ist jedoch nicht auf diese spezialisiert, wie manchmal falsch angenommen wird, und stellt für die Imkerei bislang kein wirkliches Problem dar.

BEOBACHTUNGSTIPPS Die meisten Sichtungen finden vor Bienenstöcken statt, weil die Tiere dort einfach zu beobachten sind. Vor allem im Spätsommer sind die meisten Individuen zu entdecken. Die großen Nester kann man vor allem im Herbst sehen, da sie hoch oben in den Bäumen nach dem Laubfall besser zu erkennen sind. Ich konnte die Art tagsüber auch an einem Gemisch von Rotwein und Zucker beobachten, mit dem ich Eichen zur Beobachtung anderer Insekten eingepinselt hatte.

Frisch geschlüpfte Hornisse im Vergleich zu einem Finger. Die Asiatische Hornisse ist insgesamt etwas kleiner als die heimische Europäische Hornisse *(Vespa crabro)*.

Südliche Grabwespe

Prionyx kirbii, Grabwespen

GRÖSSE: 13 – 18 mm
BEOBACHTUNGSZEIT: Juni – September
ERNÄHRUNGSWEISE: Insekten, für die Larven werden Feldheuschrecken betäubt
LEBENSRAUM: Sandflächen wie Heiden, Binnensanddünen und Flussufer, auch auf kleinen Sandwegen oder in Sandkästen

Die weißen Binden am Hinterleib unterscheidet sie deutlich von anderen rot-schwarz gefärbten Grabwespen, wie etwa den Sandwespen.

BUDDELT IM SAND Die Südliche Grabwespe ist eine Spezialistin auf Sandböden. In Deutschland kommt sie erst seit dem Jahr 2020 vor, hat sich jedoch enorm schnell bei uns ausgebreitet. Zuvor konnte man sie vor allem im Mittelmeerraum beobachten. Für ihren Nachwuchs legt sie Niströhren im Sandboden an, in die sie zwei bis vier mit einem Stich betäubte Feldheuschrecken einträgt. Ihr Nachwuchs entwickelt sich unterirdisch von diesem Nahrungsvorrat.

Bienenjagende Knotenwespe

Cerceris rybyensis, Grabwespen

GRÖSSE: 6 – 12 mm
BEOBACHTUNGSZEIT: Mai – September
ERNÄHRUNGSWEISE: Larven von Wildbienen, Imagines von Nektar und Pollen
LEBENSRAUM: Verschiedenste Offenlandlebensräume, auch im Siedlungsraum

LARVEN FRESSEN BIENEN Sie nistet meist in Sand oder an Wegböschungen bzw. Steilkanten in Erdgängen. Für ihren Nachwuchs erbeutet und paralysiert sie vor allem Wildbienen der Gattungen *Andrena*, *Halictus* und *Lasioglossum*, die sie in ihre Niströhren einträgt. Eine Larve benötigt zur Entwicklung etwa vier bis acht Bienen.

Kann man gut auf Dolden- und Korbblütlern beobachten.

Kahlrückige Waldameise

Formica polyctena, Ameisen

Sie frisst nicht nur tierische Nahrung – hier konnte ich eine Arbeiterin dabei beobachten, wie sie Teile von Pilzen an einer alten, toten Buche abtransportierte.

GRÖSSE: 16 – 35 mm
BEOBACHTUNGSZEIT: April – Oktober
ERNÄHRUNGSWEISE: Überwiegend Honigtau und Insekten, aber auch anderes
LEBENSRAUM: Nadel- oder Mischwälder, vor allem in den Saumbereichen

BAUT GROSSE HÜGEL Diese Art baut die für einige Waldameisen typischen Ameisenhügel, die immer um einen alten Baumstumpf oder andere Totholzstrukturen herum angelegt werden. Dabei nutzt sie Nadeln von Nadelbäumen für den Bau, dessen Umfang 2 – 3 m erreichen kann. In ihm leben in der Regel viele Königinnen, was man polygyn nennt. Die Rote Waldameise *(Formica rufa)* ist sehr ähnlich, deren Kopf und Rücken sind jedoch stärker behaart.

Glänzendschwarze Holzameise

Lasius fuliginosus, Ameisen

GRÖSSE: 4 – 6,5 mm
BEOBACHTUNGSZEIT: März – Oktober
ERNÄHRUNGSWEISE: Fast ausschließlich Honigtau von Blattläusen
LEBENSRAUM: In Wäldern, an Waldrändern und in Parkanlagen an meist älteren Bäumen

STARKER GERUCH

Nimm dir eine tote Ameise, die von anderen Arbeiterinnen umhergetragen wird, und zerreibe sie zwischen den Fingern: Es riecht stark nach Zitrone.

HOCH HINAUS Die Nester werden vor allem im Inneren von hohlen Bäumen angelegt. Sie bestehen aus einer kartonartigen zerkauten Holzmasse, auf der ein spezieller Pilz wächst. In der Nähe der Nester ist ein süßlicher Geruch wahrzunehmen. Über lange und stark belaufene Ameisenstraßen dringen die Tiere bis in die hohen Kronenbereiche der Bäume vor, um dort an den Honigtau von Blattläusen zu gelangen.

Große Holzbiene

Xylocopa violacea, Echte Bienen

Schillert beeindruckend tiefblau in der Sonne!

GRÖSSE: 20 – 28 mm
BEOBACHTUNGSZEIT: Februar – August
ERNÄHRUNGSWEISE: Larven von Pollen und Nektar, Imagines von Nektar
LEBENSRAUM: Warme Offenlandstandorte mit Gehölzen, Waldsäume, Siedlungsbereiche

GRÖSSTE HEIMISCHE BIENE Zum Teil können die Tiere schon an sonnigen Februartagen beobachtet werden. Im Flug sehen sie zunächst wie eine sehr große und dunkle Hummel aus. Während die Vorkommen früher auf besonders wärmebegünstigte Lebensräume beschränkt waren, hat sich die Art in den vergangenen Jahren deutlich ausgebreitet. Sie nistet in morschem, sonnenbeschienenem Totholz, in das sie selbst einen Gang hineinfrisst. Die Ausbreitung ist vermutlich der Klimaerwärmung zuzuschreiben.

VOR ALLEM WEIBCHEN sind schwer von anderen Arten zu unterscheiden. Zwar kommt aktuell fast nur *X. violacea* vor, aber auch die Östliche Holzbiene *(X. valga)* kann im äußersten Süden erwartet werden.

Große Blutbiene

Sphecodes albilabris, Schmal- und Furchenbienen

GRÖSSE: 11 – 14 mm
BEOBACHTUNGSZEIT: April – Mai, Juli – September
ERNÄHRUNGSWEISE: Larven von Nektar und Pollen in den Nestern der Frühlings-Seidenbiene, Imagines von Nektar
LEBENSRAUM: Lockere Sandböden, in Sandgruben oder auf sandigen Wegen

KUCKUCKSBIENE Sie lebt als sogenannte Kuckucksbiene bei der Frühlings-Seidenbiene *(Colletes cunicularis)*, in deren Niströhre das Weibchen vordringt, das Ei frisst und ein eigenes Ei hineinlegt. Die Larve entwickelt sich dann von den Vorräten der anderen Bienenart. Die Weibchen überwintern und sind ab dem nächsten Frühjahr aktiv. Eine neue Generation schlüpft im Sommer.
ZIEMLICH GROSS Durch die Färbung und ihre Größe ist sie besonders auffällig und die größte Blutbienenart in Mitteleuropa. Blutbienen sind zum Teil sehr schwierig zu bestimmen, diese kann man aber gut erkennen. Vielerorts ist die Art selten, lokal tritt sie auf Sandböden häufig auf.

Rostrote Mauerbiene

Osmia bicornis, Bauchsammlerbienen

GRÖSSE: 9 – 12 mm
BEOBACHTUNGSZEIT: März – Juni
ERNÄHRUNGSWEISE: Larven von Pollen und Nektar, Imagines von Nektar
LEBENSRAUM: Waldsäume, lückiges Offenland mit Gehölzen, Siedlungsbereiche, Gärten

Insgesamt sind bei uns 18 Pflanzenfamilien bekannt, an denen die Rostrote Mauerbiene Pollen für ihren Nachwuchs sammelt. Sie profitiert als Kulturfolgerin auch von Blütenpflanzen in Gärten.

NICHT BESONDERS WÄHLERISCH Eine der flexibelsten heimischen Bienenarten, was die Wahl des Nistplatzes angeht. Sie besiedelt verschiedenste längliche Hohlräume von ausreichender Breite. In diesen werden bis zu 20 aneinander angrenzende Brutzellen angelegt. Auch bei der Wahl der Blüten beim Pollensammeln ist sie wenig wählerisch. Die Männchen – gut an der hell behaarten Stirn zu erkennen – nutzen Sexualduftstoffe, um paarungsbereite Weibchen anzulocken.

Gehörnte Mauerbiene

Osmia cornuta, Bauchsammlerbienen

GRÖSSE: 11 – 15 mm
BEOBACHTUNGSZEIT: März – Juni
ERNÄHRUNGSWEISE: Larven von Pollen und Nektar, Imagines von Nektar
LEBENSRAUM: Lückiges Offenland mit Gehölzen, Siedlungsbereich, Gärten

Pärchen der Gehörnten Mauerbiene: Der Größenunterschied zwischen Männchen (oben) und Weibchen (unten) wird deutlich.

HÄUFIG AN NISTHILFEN Bei uns ist sie vermutlich die bekannteste Wildbiene an Insektennisthilfen im Siedlungsbereich. Zum Nisten nutzt sie diverse Hohlräume wie Pflanzenstängeln, Spalten und Mauerritzen. Die angenommenen Löcher haben dabei eine Breite von 6 – 8 mm und werden nach der Belegung mit feuchter Erde zugemörtelt. In Nisthilfen fühlen sich auch spezifische Verfolger der Art wohl. Die Milbe *Chaetodactylus osmiae* ernährt sich von den Brutvorräten der Mauerbienen und kann gelegentlich enorm hohe Dichten erreichen. Sie hält sich an den Tieren fest, um in deren Nester zu gelangen.

Insekten im Haus

Links: Steckmücken *(Culex)* reichen schon kleine Wasseransammlungen für die Entwicklung – und schon hat man sie auch in der Wohnung.
Rechts: Reis-Kornkäfer *(Sitophilus oryzae)* werden oft mit Tierfutter eingeschleppt – ein einziger Meisenknödel reicht schon. Sie entwickeln sich schnell und fallen auf, sobald sie häufiger werden und durch die Wohnung laufen. Entfernt man das Futter, sind auch die Käfer wieder weg.

MITBEWOHNER GIBT ES ÜBERALL

Teppichkäfer leben irgendwann mal in allen Gebäuden. Ich würde, wenn man mich ließe, sicherlich in jeder Wohnung ein bis zwei unbemerkte Mitbewohner entdecken können. Vielen Speckkäferarten reicht beispielsweise Hausstaub – hinter einem Schrank oder sogar einem Bilderrahmen – zur Entwicklung aus. Die Hygiene in Gebäuden hat in den vergangenen Jahrzehnten stark zugenommen, tierische Mitbewohner werden seltener. Früher gab es noch eine deutlich höhere Zahl von Insekten, die in Koexistenz auftraten.

UNLIEBSAME BESUCHERINNEN

Stechmücken zählen zu den regelmäßigen Besucherinnen in Wohnräumen. Oft liegt es daran, dass ganz in der Nähe kleine Entwicklungsgewässer vorhanden sind, die vermeidbar wären: Verstopfte Dachrinnen, Regenwasser in Blumenuntersetzern, halbvolle Gießkannen und nicht abgedeckte Regentonnen sind nur einige Beispiele.

ES GIBT IMMER EINEN GRUND FÜR EIN AUFTRETEN

Egal ob es ein Bockkäfer aus eingetragenem Brennholz ist oder eine Ameise aus dem Mittelmeerurlaub – das Auftreten in Wohnräumen hat immer einen Grund. Versteht man die Entwicklung der Arten, sind der Kleinstlebensraum und die Nahrung der Insekten oft schnell gefunden.

Cool bleiben!

Auch wenn man mal eine unerwünschte Art in der Wohnung hat – einfach Ruhe bewahren. Die meisten Arten bekommt man schnell wieder weg. Außerdem: Bei manchen ist es vielleicht gar nicht so schlimm, dass sie mit uns koexistieren. Ein bisschen Neugier und Offenheit können nicht schaden.

Hellgelbe Erdhummel

Bombus lucorum, Echte Bienen

GRÖSSE: 9 – 21 mm
BEOBACHTUNGSZEIT: März – Oktober
ERNÄHRUNGSWEISE: Larven von Nektar und Pflanzen, Imagines von Nektar
LEBENSRAUM: Waldsäume, Feldflur, Brachland, Parkanlagen und Gärten

BAUT IM MÄUSELOCH Eine staatenbildende Hummelart mit Nestern am Boden, in denen sich etwa 100 – 500 Arbeiterinnen entwickeln. Zur Anlage der Nester nutzt sie gern verlassene Gänge von Kleinsäugern. Die Brutzellen werden unregelmäßig angeordnet. Die exakte Bestimmung von Hummeln ist nicht ganz einfach, zumal Individuen der Dunklen Erdhummel während ihres Lebens durch das UV-Licht ausbleichen und dann verwechselt werden können.

Hummeln haben leckend-saugende Mundwerkzeuge, mit denen sie auch etwas tiefer in Blüten eindringen können als z. B. Bienen.

Sechsfleck-Widderchen

Zygaena filipendulae, Widderchen

Das Widderchen zählt zu den tagaktiven Nachtfaltern.

GRÖSSE: Flügelspannweite 38 mm
BEOBACHTUNGSZEIT: Juli – August
ERNÄHRUNGSWEISE: Raupen leben vor allem an Hornklee, Imagines nehmen Nektar auf Blüten zu sich
LEBENSRAUM: In verschiedensten Offenlandlebensräumen wie Wiesen, Magerrasen, Brachen oder Waldsäumen

FRISS MICH LIEBER NICHT Sechsfleck-Widderchen sind richtige Hochsommertiere. Die Falter können dann auf einer Vielzahl von Blüten beobachtet werden. Sie besitzen in ihrem Körper ein schwaches Gift, das sie zum einen als Raupe durch den Hornklee aufnehmen, zum anderen aber auch selbst produzieren können. Es schützt sie, da Vögel, die einmal einen dieser Falter gefressen haben, sich seine schwarz-rote Warnfarbe merken und diesen fortan als Nahrung meiden.
GUT ZU BEOBACHTEN Widderchen sind nicht besonders schreckhaft und flüchten kaum, wenn man sich ihnen langsam nähert – sie verlassen sich auf ihre Warnfärbung.

Hauhechel-Bläuling

Polyommatus icarus, Bläulinge

GRÖSSE: 25 – 30 mm
BEOBACHTUNGSZEIT: April – Oktober
ERNÄHRUNGSWEISE: Raupen fressen an Schmetterlingsblütlern, Falter saugen Nektar
LEBENSRAUM: Offenlandlebensräume, Waldsäume, Brachen, feuchte Wiesen, Böschungen

Der Hauhechel-Bläuling dient anderen Insekten (hier einer Raubfliege) als Nahrung.

HÄUFIG, ABER EMPFINDLICH Eine unserer häufigsten Bläulingsarten. Die Falter fliegen bei uns mit zwei bis drei Generationen pro Jahr. Ihre Eier legen sie an der Blattoberseite der Raupenfutterpflanzen ab. Eine Überwinterung findet als Raupe statt. Die Raupen sind grün gefärbt und blassgrün gemustert. Sie sind, typisch für Bläulinge, kurz und gedrungen gebaut. Der Falter reagiert empfindlich auf Düngung, also Nährstoffe.

Ein Falter mit den parasitären Larven einer Roten Samtmilbe *(Trombidium holosericeum)* an Kopf und Brust. Diese saugen die Körperflüssigkeit verschiedenster Insekten und Spinnen.

NICHT NUR AN HAUHECHEL Die intensive Blaufärbung sowie die Tatsache, dass sich die Raupen auch an Hauhechel entwickeln können, gaben der Art ihren Namen. Für die Entwicklung werden jedoch zahlreiche Schmetterlingsblütler, wie Klee- und Luzernearten, genutzt, nicht nur die Hauchechel – der Name ist also etwas irreführend.

TAGFALTER

Tag- und Nachtfalter unterscheidet man nicht unbedingt an ihrer Aktivitätszeit – es gibt auch tagaktive Nachtfalter –, sondern an ihren Fühlern: Bei Tagfaltern sind die Fühler vorn keulenartig verdickt.

Tagpfauenaue

Aglais io, Edelfalter

GRÖSSE: Flügelspannweite 50 – 55 mm
BEOBACHTUNGSZEIT: März – Oktober
ERNÄHRUNGSWEISE: Raupen von Brennnesseln, Imagines von Nektar
LEBENSRAUM: Offene Wälder, Auen, Parkanlagen, Gärten

DROHGEBÄRDE Tagpfauenaugen gehören zu den wenigen Tagfaltern, die auch im Siedlungsraum zurechtkommen. Sie überwintern an feuchten, witterungsgeschützten Orten, z. B. auch in Gartenhäuschen oder Kellern. Bei Beunruhigung schlagen die Tiere ihre Flügel ruckartig auf und es wird ein zischendes Geräusch erzeugt. In Verbindung mit den Augenflecken entsteht so eine wirksame Drohgebärde zur Abschreckung von Fressfeinden.

Mit etwas Geduld können in Brennnesselbeständen oder ihrer Umgebung die Stürzpuppen der Tagpfauenaugen entdeckt werden. Sie hängen kopfüber an Pflanzen angeheftet.

Kleiner Fuchs

Aglais urticae, Edelfalter

Ältere Raupen sind einzeln unterwegs.

GRÖSSE: Flügelspannweite 40 – 50 mm
BEOBACHTUNGSZEIT: März – Oktober, vereinzelt im Winter
ERNÄHRUNGSWEISE: Raupen von Pflanzenteilen der Brennnessel, Falter von Nektar
LEBENSRAUM: In zahlreichen Offenlandlebensräumen, an Waldsäumen, auf Lichtungen, im Siedlungsraum

KOMMT HÄUFIG VOR Ein häufiger Schmetterling mit einer Vielzahl von besiedelten Lebensräumen. Die Entwicklung der Raupen findet bei uns an Großer Brennnessel *(Urtica dioica)* statt. Weibchen legen große Mengen von Eiern an diesen Pflanzen ab, bis zu 200 Stück an sonnenexponierten Stellen. Während die jungen Raupen gemeinschaftlich in Gespinnsten leben, sind Raupen im fortgeschrittenen Stadium einzeln unterwegs. Die Verpuppung findet in einer Sturzpuppe statt. Die Falter überwintern an geschützten Stellen wie Unterführungen, Kellern, Scheunen und in Dachstühlen. In höheren Lagen sind die Falter im Durchschnitt etwas größer.

Admiral

Vanessa atalanta, Edelfalter

GRÖSSE: Flügelspannweite 55 – 65 mm
BEOBACHTUNGSZEIT: Mai – Oktober
ERNÄHRUNGSWEISE: Raupen leben von Brennnesseln, Falter von Nektar
LEBENSRAUM: In verschiedensten Offenlandlebensräumen, auch im Siedlungsbereich

Die Unterseite der Flügel sind eher unauffällig bräunlich gefärbt. Klappt der Adimral die Flügel zu, ist er so ganz gut getarnt.

TAUCHT AUCH IM WINTER AUF Der Admiral ist ein Arealerweiterer aus dem Mittelmeerraum, der früher nur als Wanderfalter zu Besuch bei uns war. Mittlerweile entwickelt er sich auch hier und es finden sich sowohl hiesige Individuen als auch Wanderfalter. Die Falter überwintern und können an warmen Tagen gelegentlich auch mitten im Winter beobachtet werden – z. B. an sonnenbeschienenen Hauswänden sogar in der Stadt. Die Raupen des Admirals sind eher Einzelgänger, die in einem tütenförmig zusammengesponnenen Brennnesselblatt leben.

C-Falter

Polygonia c-album, Edelfalter

Hier gut zu erkennen: das namensgebende C auf der Unterseite des Hinterflügels.

GRÖSSE: Flügelspannweite 40 – 50 mm
BEOBACHTUNGSZEIT: Juni – August
ERNÄHRUNGSWEISE: Raupen von Blättern, Imagines von Nektar
LEBENSRAUM: Feuchte Wälder und Gebüsche, gern entlang von Waldwegen

EINZELGÄNGER Die Eier legt der C-Falter einzeln ab, auch die schlüpfenden Raupen bleiben Einzelgänger. Vom Ei bis zum Falter vergeht eine Entwicklungszeit von 6 Wochen. Insgesamt kann ein Weibchen etwa 250 Eier legen. Für die Entwicklung nutzen die Falter z. B. Weiden *(Salix)*, Ulmen *(Ulmus)* und Brombeeren *(Rubus)*. Die Falter überwintern.
NAME AUF DEM FLÜGEL Den deutschen Namen hat der Falter durch eine weiße, c-förmige Zeichnung auf der Unterseite der Hinterflügel. Bei der ersten Generation im Jahr ist die Unterseite der Flügel meist heller als bei einer zweiten.

Gemeine Großpunkt-Skorpionsfliege

Parnopa vulgaris, Skorpionsfliegen

GRÖSSE: 18 – 20 mm
BEOBACHTUNGSZEIT: April – September
ERNÄHRUNGSWEISE: Larven und Imagines leben von Insekten
LEBENSRAUM: In Wäldern und Parkanlagen an halbschattigen Plätzen

Hier gut zu erkennen: der namensgebende „Skorpionstachel" bei *P. communis*.

SIEHT GEFÄHRLICH AUS Die Mundwerkzeuge sind lang und schnabelartig ausgebildet. Zur Ernährung suchen die Tiere auch Spinnennetze auf, wo sie an den Insekten fressen, die sich im Netz verfangen habe. Die Larven von Skorpionsfliegen ähneln den Raupen einiger Kleinschmetterlinge. Ihren deutschen Namen tragen Skorpionsfliegen, weil der Hinterleibsanhang der Männchen etwas an den Stachel eines Skorpions erinnert und aufrecht nach vorn geneigt über dem Hinterleib getragen wird.

Großer Wollschweber

Bombylius major, Wollschweber

GRÖSSE: 9 – 12 mm
BEOBACHTUNGSZEIT: März – Juni
ERNÄHRUNGSWEISE: Larven als Parasitoide von Bienen und Grabwespen, Imagines nehmen Nektar zu sich
LEBENSRAUM: Wiesen, Waldsäume, Wege, Feldränder, Gärten und Parkanlagen

NEKTARSAUGER Besonders auffällig ist der bis zu 7 mm lange, nach vorn gerichtete Saugrüssel, mit dem Wollschweber Nektar aufnehmen. Dazu schweben sie wie ein Kolibri in der Luft vor der Blüte. Innerhalb der Gattung gibt es weitere Arten, mit denen der Große Wollschweber verwechselt werden könnte.

Beim Schlüpfen aus den Erdnestern der parasitierten Bienen bleibt die leere Hülle der Puppe (Exuvie) geöffnet im Gras zurück.

INSEKTENSUCHE IM WINTER

Schneeinsekten und Rindenläufer

MEHR UNTERWEGS ALS MAN DENKT Im Winterhalbjahr ist bei Insekten mehr los, als man vielleicht vermuten würde. Mir ist das immer besonders wichtig zu betonen. Die meisten Arten, die wir im Laufe des Jahres beobachten können, überwintern – sei es als Ei, Larve, Puppe oder Imago. Aber es gibt eben auch richtige „Winterinsekten", deren Imagines exklusiv im Winter aktiv unterwegs sind.

Schneeschnaken oder Schneemücken

– hier *Chionea belgica* – gehören zu den besonders faszinierenden Winterinsekten. Die flügellosen Tiere lassen sich besonders gut auf der Schneeoberfläche beobachten und meiden diese nicht.

Der Kiefern-Rindenläufer

Dromius angustus lebt auf der Borke von Bäumen und bevorzugt ein wenig gröber strukturierte Rinden mit kleinen Spaltensystemen. Das ganze Winterhalbjahr über finden sich bestimmte Insektenarten auf der Borke von Bäumen und sind dort aktiv. Nachts kann man sie mit der Taschenlampe beobachten.

Der gefährdete Mauer-Ahlenläufer

Ocys quinquestriatus lebt an natürlichen Felsen oder Mauern mit Spaltensystemen in den Fugen. Auch ihn kann man nachts mit der Taschenlampe vor allem an alten Mauern und Ruinen entdecken.

Viele „Winterinsekten“ haben ein natürliches Frostschutzmittel in ihrem Körper, das sie vor dem Einfrieren schützt.

Gelbe Mordfliege

Laphria flava, Raubfliegen

Keine Angst – ungefährlich für uns Menschen! ☺

GRÖSSE: 12 – 25 mm

BEOBACHTUNGSZEIT: April – September

ERNÄHRUNGSWEISE: Larven und Imagines von Insekten und anderen wirbellosen Tieren

LEBENSRAUM: Lückige Wälder, sonnige Waldsäume, Lichtungen, Heiden, entlang von Wegen

BRUMMT BEIM FLIEGEN Die Gelbe Mordfliege zählt zu den größten heimischen Fliegenarten. Aufgrund der dichten und abstehenden Behaarung erinnert die Art entfernt an eine Biene oder Hummel, auch ihr Flug macht hörbare Brumm-Geräusche. Die Weibchen legen ihre Eier in morsches Holz, wo die Larven vor allem Käferlarven nachstellen. Die Art lässt sich besonders gut auf besonntem Totholz, sonnig stehenden Baumstämmen oder aber Zaungeländern beobachten. Man sollte die Tiere nicht mit der Hand fangen – der Biss kann zwicken, ist aber unbedenklich!

Tanzfliege

Empis lutea, Tanzfliegen

GRÖSSE: 4,5 – 5 mm
BEOBACHTUNGSZEIT: Mai – August
ERNÄHRUNGSWEISE: Nektar von Blüten und Honigtau
LEBENSRAUM: Waldsäume, Auen, Parkanlagen, Gebüsche

NEKTARSCHLÜRFER Die kleine, hellbraune Tanzfliegenart kann gut an Waldsäumen oder entlang von Waldwegen auf Blüten, z. B. an blühenden Brombeerhecken, beobachtet werden. Hier nehmen sie gern Nektar auf. Ihr langer Saugrüssel ermöglicht es den kleinen Fliegen, auch tiefer in Blüten vorzudringen.

GAR NICHT SO EASY

Die genaue Bestimmung der Tanzfliegenarten benötigt sehr viel Erfahrung – es gibt über 100 Arten in Deutschland. Darum: Wenn du einfach nur Tanzfliege erkennst, ist das schon mal super.

Kronen-Schnepfenfliege

Chrysopilus cristatus, Schnepfenfliegen

GRÖSSE: 6 – 8 mm
BEOBACHTUNGSZEIT: Mai – August
ERNÄHRUNGSWEISE: Larven von zersetzendem, pflanzlichen Material, Imagines vermutlich von Honigtau und Pflanzensäften
LEBENSRAUM: Waldsäume und Gebüsche, bevorzugt in Gewässernähe

Von oben kann man die glänzende Behaarung gut erkennen. Die Fliegen lassen sich auf Blättern beobachten, wenn man sich ihnen ganz vorsichtig nähert.

GLÄNZEND BEHAART Die Kronen-Schnepfenfliege ist häufig an Waldrändern in der Nähe von Gewässern zu finden. Sie gilt als feuchtigkeitsliebende Art. Die Männchen sind deutlich schlanker gebaut als die Weibchen, ihr Hinterleib verschmälert sich nach hinten erkennbar. Die Männchen schwärmen zum Teil in größerer Anzahl in der Luft, wohingegen man die Weibchen eher einzeln antrifft.

Faulfliege

Minettia longipennis, Polierfliegen

GRÖSSE: 3 – 4 mm
BEOBACHTUNGSZEIT: Mai – September
ERNÄHRUNGSWEISE: Larven von sich zersetzendem Pflanzenmaterial, Fliegen beispielsweise von Honigtau
LEBENSRAUM: Gebüsche und Hecken entlang von Waldsäumen, Parkanlagen und Gärten

FÄLLT AUF Die kleinen, trotz ihrer schwarzen Grundfärbung auffällig gefärbten Fliegen lassen sich auf Blättern und Stämmen beobachten. Man findet sie häufig in der Nähe von Laub oder Komposthaufen, wo sich die Larven entwickeln können. An den rotgelben Fühlern kann man mit Hilfe einer Lupe eine lange Fühlerborste entdecken.

SCHAU GENAU

Es lohnt sich sehr, Insekten mit der Lupe zu betrachten. Man entdeckt dabei viele faszinierende Details.

Hornfliege

Elgvia solicita, Hornfliegen

GRÖSSE: 6,5 – 8 mm
BEOBACHTUNGSZEIT: April – Oktober
ERNÄHRUNGSWEISE: Larven leben von Wasserschnecken, Imagines nehmen Nektar und Honigtau auf
LEBENSRAUM: Stehende kleinere, pflanzenreiche Gewässer und ihr Umfeld

LARVEN FRESSEN SCHNECKEN Die auffällige Fliege findet man in der Nähe stehender Gewässer auf Blüten oder in der Vegetation. Ihre Entwicklung vollzieht sie jedoch im Wasser als spezifischer Gegenspieler von Wasserschnecken. Die Fliegen nähern sich zur Eiablage den Schnecken an Wasserpflanzen oder an der Wasseroberfläche.

HORNFLIEGEN

Die kurzen, robusten, abstehenden Fühler geben den Hornfliegen ihr typisches Erscheinungsbild und ihren Namen.

Goldgrüne Waffenfliege

Chloromyia formosa, Waffenfliegen

GRÖSSE: 9 – 10 mm
BEOBACHTUNGSZEIT: April – August
ERNÄHRUNGSWEISE: Larven von Humus und pflanzlichem Detritus, Imagines von Nektar und Honigtau
LEBENSRAUM: Wälder, Waldsäume, Parkanlagen und Gärten

Waffenfliegen werden von Einsteigern leicht mit Schwebfliegen verwechselt. Es braucht ein wenig Übung, um gleich einen Unterschied festzustellen.

SCHAU MAL AUF DIE AUGEN Man kann sie sowohl auf Blättern in der Vegetation beobachten, wo sie Honigtau zu sich nimmt, als auch auf Blüten, wo sie Nektar aufnimmt. Die Art zeigt einen auffälligen Sexualdimorphismus (Männchen-Weibchen-Unterschied): Die Augen der Männchen sind sehr groß und berühren sich, bei den Weibchen sind sie kleiner und es bleibt eine breite Stirn frei. Die Goldgrüne Waffenfliege gehört zu den besonders häufigen Arten im Siedlungsbereich.

Wanzenfliege

Phasia hemiptera, Raupenfliegen

GRÖSSE: 8 – 12 mm

BEOBACHTUNGSZEIT: Juni – September

ERNÄHRUNGSWEISE: Larven im Inneren von Baumwanzen, Imagines nehmen Nektar zu sich

LEBENSRAUM: An trockenen, warmen Offenlandstandorten, Brachen, Parkanlagen und Gärten

Wanzenfliegen kannst du gut bei der Nahrungsaufnahme auf Doldenblüten beobachten. Mit ihrem Tupfrüssel nehmen sie Nektar zu sich.

SEXUALDIMORPHISMUS Große Fliege mit auffälligem Erscheinungsbild. Männchen und Weibchen kann man gut unterscheiden: Männchen haben durchgehend dunkel gefärbte Flügel, bei Weibchen sind sie durchsichtig und nur an der Basis leicht gebräunt. Für die Entwicklung, die als sogenannter Parasitoid stattfindet, legt die Fliege ein Ei an einer Baumwanze ab. Die Larve dringt in die Wanze ein und ernährt sich vom Gewebe in deren Körperinnerem. Es gibt zwei Generationen pro Jahr.

Gemeine Breitstirn-Blasenkopffliege

Sicus ferrugineus, Blasenkopffliegen

GRÖSSE: 8,5 – 9,5 mm
BEOBACHTUNGSZEIT: Mai – September
ERNÄHRUNGSWEISE: Larven parasitisch in Hummeln, Imagines von Nektar und Pollen auf Blüten
LEBENSRAUM: In zahlreichen Offenlandlebensräumen, an Waldsäumen, in Parks und Gärten

REGULATOR

Die Breitstirn-Blasenkopffliege gehört zu den Arten, die aufgrund ihrer Lebensweise andere Arten auf natürliche Weise regulieren.

LARVE LEBT IN HUMMELN Eine Art mit einer sehr besonderen Lebensweise. Die Weibchen legen ihre Eier an Hummeln wie etwa der Ackerhummel *(Bombus pascuorum)*, der Dunklen Erdhummel *(B. terrestris)* und der Steinhummel *(B. lapidarius)* ab. Die Larven ernähren sich im Inneren der Hummel vom Körpergewebe und verpuppen sich auch in ihr. Erst zum Schlupf verlassen sie das verendende Tier.

FLIEGEN MIT LEGEBOHRER

Bohrfliegen tragen ihren deutschen Namen wegen des auffälligen Legebohrers (Ovipositor) der Weibchen. Dieser wird in das Pflanzengewebe eingebohrt, um die Eier an gezielten Stellen abzulegen. Die Gelbe Bohrfliege legt ihre Eier so in die Knospen von Disteln ab.

Gelbe Bohrfliege

Urophora stylata, Bohrfliegen

GRÖSSE: 4 – 5,3 mm
BEOBACHTUNGSZEIT: Juni – August
ERNÄHRUNGSWEISE: Larven von Pflanzengewebe im Blütenkelch von Disteln, Imagines Nektar von Blüten und Honigtau
LEBENSRAUM: Offenlandlebensräume, Ackerränder, Brachflächen

DISTEL-SPEZIALISTIN Die Entwicklung findet in Disteln, vor allem in Acker-Kratzdistel *(Cirsium arvense)* und Echter Kratzdistel *(C. vulgare)* statt. Im Inneren der dornigen Knospen bildet sich um die Larven eine Gewebswucherung über dem Blütenboden. Dort halten sich die Larven auf, mehrere Larven können dabei in Kammern nebeneinander in einem Blütenkopf vorkommen. Die Larven verpuppen sich im Blütenkopf.
TERRITORIALVERHALTEN Männchen fehlt der Legebohrer, bei ihnen ist der Hinterleib kurz gebaut. Sie sind territorial, vertreiben also andere Fliegenmännchen oder Insekten von der Distel, indem sie diese anfliegen oder wegschubsen.

Pärchen bei der Paarung: Dabei sitzt das kleinere Männchen sehr weit hinten auf dem Hinterleib des Weibchens, da sich die Genitalöffnung am Ende des langen Legebohrers befindet.

WICHTIGE MERKMALE

Flügel mit deutlicher Zeichnung aus 3 dunklen Streifen, Fühler orange, gelbe Teile an der Seite der Brust

Gemeine Keulenschwebfliege

Syritta pipiens, Schwebfliegen

GRÖSSE: 7–9 mm
BEOBACHTUNGSZEIT: April – September
ERNÄHRUNGSWEISE: Larven von Dung und faulenden pflanzlichen Stoffen, Imagines von Nektar und Pollen
LEBENSRAUM: Im Offenland auf Feldern, Wiesen, Brachen, in Parks und Gärten

UNVERWECHSELBAR Die Gemeine Keulenschwebfliege kann man bei uns kam verwechseln. Sie ist eine kleine, schlanke Schwebfliege mit markantem Habitus. Sie ist auch im Siedlungsraum häufig und kann dort in Gärten, Parks, auf Brachen oder in botanischen Gärten beobachtet werden. Ihre Färbung in Kombination mit den keulenförmig verdickten Hinterschenkeln ist innerhalb der heimischen Schwebfliegen ein Alleinstellungsmerkmal. Sie ist daher eine gut geeignete Art für erste Bestimmungsübungen.
BESONDERE ATEMTECHNIK Die Larven entwickeln sich in Dung, Mist oder Kompost. Es sind typische sogenannte Rattenschwanzlarven, die über ein schwanzähnliches, längliches Atemrohr verfügen, mit dem sie auch in sehr nassem Substrat wie mit einem Schnorchel Oberflächenluft atmen können. Aufgrund ihrer Entwicklung wird diese Art gelegentlich auch als „Kleine Mistbiene" bezeichnet.

Auf der Unterseite sind die verdickten Hinterschenkel mit kleinen Dornen besetzt.

FEINER RÜSSEL

Mit ihrem kleinen und filigranen Saugrüssel gelangt sie auch an den Nektar kleiner Blüten, die von größeren Schwebfliegen nicht besucht werden können.

rötlich gelb bis rotbraun
2 graue Flecken
keulenförmig verdickt

Hainschwebfliege

Episyrphus balteatus, Schwebfliegen

GRÖSSE: 7 – 12 mm
BEOBACHTUNGSZEIT: März – Oktober
ERNÄHRUNGSWEISE: Larven von Blattläusen, Imagines von Nektar und Pollen sowie Honigtau
LEBENSRAUM: Verschiedenste Offenlandlebensräume, an Waldsäumen, Lichtungen, Brachen, Parkanlagen, Gärten

MACHT ES DEN ZUGVÖGELN NACH Die Hainschwebfliege gehört zu den Wanderinsekten, die im Herbst von Mitteleuropa in Richtung Südeuropa ziehen. Ein Großteil der Individuen überquert während dieser Züge die Hochgebirge wie die Alpen und Pyrenäen. Im Frühjahr kehren sie zurück. Das Verhalten ist ähnlich dem, das wir von Vögeln oder Tagfaltern kennen. Einige Individuen überwintern jedoch auch bei uns und können im Winter an wärmeren Tagen beobachtet werden. Die Larven fressen Blattläuse und verpuppen sich frei, angeheftet an die Oberfläche von Pflanzen. Hainschwebfliegen gehören zu den häufigsten heimischen Schwebfliegen.

Geschmückte Kammschnake

Ctenophora ornata, Schnaken

GRÖSSE: 20 – 22 mm, Flügelspannweite 30 – 40 mm
BEOBACHTUNGSZEIT: Juni – August
ERNÄHRUNGSWEISE: Larven leben im Mulm alter Laubbäume, Imagines nehmen vermutlich keine Nahrung mehr auf
LEBENSRAUM: Feuchte Wälder, entlang von Gehölzstreifen an Ufern

Namensgebend sind die auffällig gekämmten Fühler der Männchen, mit denen sie Sexuallockstoffe (Pheromone) über große Distanzen wahrnehmen können. Die Fühler der Weibchen sind schmal und fadenförmig.

KEIN BISSCHEN GEFÄHRLICH Wohl eine unserer prächtigsten heimischen Mückenarten. Ein echtes Totholzinsekt, das alte und hohle Bäume für die Entwicklung benötigt. Kammschnaken gelten sogar als Indikatoren für wertgebende Strukturen an alten Bäumen. Die auffällige Warnfärbung, eine hornissenähnliche Mimikry (Nachahmung), wirkt in Kombination mit der Körpergröße abschreckend. Die Tiere sind jedoch vollkommen ungefährlich.

SOCIAL MEDIA

Teile deine Entdeckungen

INSEKTEN IM NETZ Neben der Meldung von Beobachtungen auf Meldeplattformen kann es viel Spaß machen, die eigenen Entdeckungen mit anderen Menschen zu teilen und diese zu dokumentieren. Ich habe das früher in Internetforen gemacht und tue es heute vor allem auf Social Media. Insbesondere wenn man seine Artenkenntnis gerade etwas ausbaut und sein Artenwissen verfestigen will, sind Beiträge, für die man spannende Fakten zu einzelnen Arten recherchiert, etwas unglaublich Tolles.

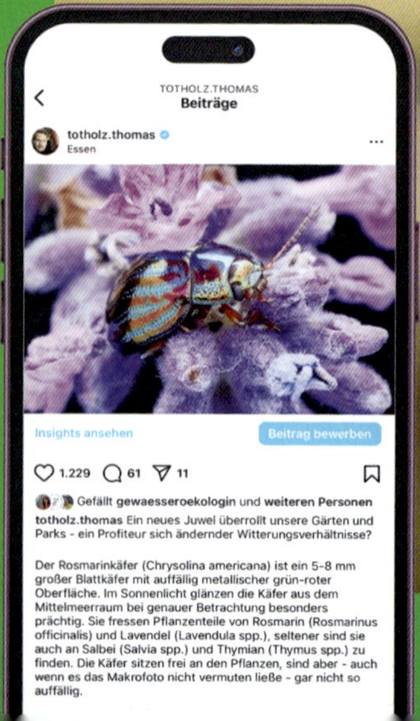

LEARNING BY DOING

Ein spannendes Insekt beobachten, es fotografieren, bestimmen, interessante Fakten zu seiner Lebensweise recherchieren, alles in einem Beitrag verarbeiten und darüber mit anderen Menschen interagieren – hier geht man so viele Lernschritte, dass sich diese Art auf jeden Fall gut einprägt –, und man erinnert sich auch nach Jahren noch daran.

INSEKTENFIEBER IST ANSTECKEND

Deine Beobachtungen können auch andere dazu animieren, selbst Insektenbeobachtungen zu machen. Denn manchmal muss man die besondere Lebensweise erst mal kennenlernen, um selbst danach suchen zu können! Mit deinen Posts trägst du dazu bei.

Register

160 Seiten

Hallo, ich bin Thomas vom Instagram-Kanal @totholz.thomas. Dort berichte ich regelmäßig über meine Forschungen und gebe Einblicke in naturwissenschaftliche Museumssammlungen. Und es geht regelmäßig nach draußen, wo ich dir – wie in meinem Buch – unsere heimische Insektenfauna zeige und erkläre.

Hallo, ich bin Nadja, du findest mich auf meinem Instagram-Kanal @pilzcoachbadenweiler – oder im Wald bei den Pilzen. Seit 2018 bin ich Pilzcoach und seit 2020 Pilzsachverständige bei der Deutschen Gesellschaft für Mykologie (DGfM). In meinem Buch möchte ich dich mit meiner Pilz-Begeisterung anstecken.

160 Seiten

Auf Augenhöhe — mit heimischen Insekten

208 Seiten

Diese Buch zeigt eindrucksvolle, großformatige Porträts heimischer Insekten auf Augenhöhe und begeistert mit faszinierenden Fakten rund um die Sechsbeiner. Die preisgekrönten Fotos von Thorben Danke, ergänzt durch Thomas Hörrens wissenschaftliches Wissen und Dominik Eulbergs künstlerische Perspektive, verändern unseren Blick auf diese oft missachteten Wesen. Ein ästhetisches Plädoyer für die Wertschätzung der Natur.

kosmos.de

Impressum

Umschlag- und Klappengestaltung von **Gramisci Editorial Design (Sandra Gramisci)**, München, unter Verwendung folgender Fotos auf der Umschlagvorderseite: Autor von Sarah Lück, Hummel von Frank Hecker, Libelle von AdobeStock©Thorsten Schier; Umschlagrückseite: Büffelzikade von Thomas Hörren.

BILDNACHWEIS

Abkürzungen: k = kleines Motiv, g = großes Motiv, l = links, r = rechts, o = oben, u = unten
Mit 225 Fotos von **AdobeStock**©Thorsten Schier (1: Seite 2 (Libelle)); **Heiko Bellmann/Frank Hecker** (3: Seite 111 or und ul, vordere Klappe links ol); **Sven Bodingbauer** (3: Seite 23, 66, 136); **Julian Enß** (10: Seite 24, 25, 27, 33 g, 51, 52 beide, 53, 131 g, vordere Klappe rechts ul); **Frank Hecker** (21: Seite 2 (Hummel), 12 alle 4, 39 g, 55 g, 42 k, 45 g, 46, 110 beide, 111 ol, 122 l, 128 g, 131 k, 132 k, 134, vordere Klappe rechts o alle 3); **Maja Ilić** (31: Seite 17, 21, 35 beide, 45 k, 48 beide, 49 beide, 50 beide, 81 beide, 88 beide, 89, 99, 102, 118, 120 beide, 124 beide, 125, 126 beide, 127, 130 beide, 132 g, vordere Klappe links ul); **Maximilian Kamps/ Agentur Blumberg** (11: Seite 13, 14, 18 beide, 32/33, 61, 97, 150/151, hintere Klappe 3 x Autor); **Sarah Lück** (2: Seite 5, 123); **Felix Otte** (1: Seite 19) und Roland Spohn (1: hintere Klappe rechts o). Alle weiteren Fotos von **Thomas Hörren**.
Illustrationen S. 77 von **Marianne Golte-Bechtle**. Strichillustrationen auf der vorderen Klappe von **shutterstock**©Innoxx (Urtümliches Insekt) und **Stefanie Wawer** (alle weiteren).

DER NATURFÜHRER No. 1*

* Quelle: Media Control MC Metis, Deutschland, FY 2024, WG 420 – Natur und WG 422 – Naturführer, Umsatz

Unser gesamtes Programm finden Sie unter **kosmos.de**
Über Neuigkeiten informieren Sie regelmäßig unsere Newsletter, einfach anmelden unter **kosmos.de/newsletter**

Gedruckt auf chlorfrei gebleichtem Papier

ISBN 978-3-440-18015-0
Redaktion: Claudia Salata
Gestaltungskonzept: Gramisci Editorial Design, München
Klappengestaltung und Sonderseiten: Gramisci Editorial Design, München
Gestaltung und Satz: Sigrid Walter, Würzburg
Produktion: Markus Schärtlein
Druck und Bindung: Longo AG, Bozen
Printed in Italy / Imprimé en Italie

FSC www.fsc.org MIX Papier | Fördert gute Waldnutzung FSC® C023164

Thomas, erzähl doch mal …

WIE FANGE ICH AM BESTEN AN, SELBST INSEKTEN ZU BEOBACHTEN?

Insekten entdecken und beobachten ist sehr schnell von Erfolg gekrönt. Es ist, wie die meisten praktischen Dinge, eine reine Übungssache. Eigentlich muss man nur rausgehen und direkt loslegen. Je mehr man weiß oder je gezielter man nach einzelnen Arten Ausschau halten kann, desto einfacher aber auch spannender wird es im Laufe der Zeit. Wichtig ist aber, nicht zu verkopft an die Sache heranzugehen. Es soll ja in erster Linie auch Freude bereiten!

Einfach mal rausgehen – Insekten kann man wirklich überall entdecken.

WO BIST DU IN STÄDTEN AM LIEBSTEN ZUR INSEKTENBEOBACHTUNG UNTERWEGS?

Mich zieht es in Städten meist in Botanische Gärten. Aber auch alte Friedhöfe sind spannende Orte, um Stadtnatur zu genießen und ein paar Insekten zu entdecken. Besonders angetan bin ich von den Bäumen in der Stadt. In Straßen- oder Alleebäumen mit Höhlungen habe ich schon absolute Seltenheiten unter den Käfern beobachten dürfen.